U0733376

MODERN RUSSIAN AIRCRAFT

现代俄罗斯战机·2

〔英〕保罗·艾登 著　刘超 译

中国市场出版社
China Market Press

图书在版编目（CIP）数据

现代俄罗斯战机·2/（英）艾登著；刘超译.—北京：中国市场出版社，2014.1
（深度系列）

ISBN 978-7-5092-1097-0

Ⅰ.①现… Ⅱ.①艾… ②刘… Ⅲ.①歼击机—介绍—俄罗斯 Ⅳ.①E926.31

中国版本图书馆CIP数据核字（2013）第132806号

Copyright © 2004 Amber Books Publishing Ltd.

Copyright of the Chinese translation © 2013 by Portico Inc.

This translation of *The Encyclopedia of Modern Military Aircraft* is published by arrangement with Amber Books Ltd. Published by China Market Press.

ALL RIGHTS RESERVED

著作权合同登记号：图字 01 - 2009 - 7546

出版发行	中国市场出版社
社　　址	北京月坛北小街2号院3号楼　　邮政编码　100837
出版发行	编 辑 部（010）68034190　　　　读者服务部（010）68022950
	发 行 部（010）68021338　68020340　68053489
	68024335　68033577　68033539
	总 编 室（010）68020336
	盗版举报（010）68020336
邮　　箱	1252625925@qq.com
经　　销	新华书店
印　　刷	北京九歌天成彩色印刷有限公司
规　　格	170毫米×230毫米　16开本　　**版　次**　2014年1月第1版
印　　张	13　　　　　　　　　　　　　**印　次**　2014年1月第1次印刷
字　　数	210千字　　　　　　　　　　　**定　价**　58.00元

版权所有　侵权必究　　印装差错　负责调换

CONTENTS

目 录

CONTENTS

米–24 "雌鹿"
MI–24"Hind"

早期型号
Early variants

令人畏惧的 "雌鹿" 直升机自一开始将北约地面部队深深地震慑了之后，就在不断地发展改进。它的改进型号遍布世界各地，与最初的原型机的差别很大。

米尔米–24A "雌鹿–A"

在对 "雌鹿–B" 经行一些测试之后发现它的空间过于拥挤而不能加装Raduga-F型半自动控制瞄准线（SACLOS）导引系统和机枪快速瞄准装置。因此对其中两架原型机进行了改装，将它们驾驶舱之前的部分去掉，重新安装了新的前机身。新的机头比以前稍长，外形更尖，上部各部分挡风玻璃更加倾斜从而能减小阻力。汽车式的飞行员舱门用一扇可滑行的气泡式窗户代替，从而可以给飞行员提供更多向下观察的视野，同时还加装了一挺12.7毫米的机枪。一个为命令中继发射天线制作的小型整流罩被安装在前起落架前方。

就这样这种构型的米-24A在1970年在阿尔谢尼耶沃（Arsen'yev）开始进行生产，临时项目代号为245。米-24就是以这种构型第一次出现在北约面前，之后北约在报导中将这种更为先进布局形式的米-24称为"雌鹿-A"。早期生产的米-24直升机都像米-8一样将尾部旋翼布置在右舷一侧。从桨毂平面来看，尾旋翼是顺时针转动的，这样前行的桨叶与主旋翼产生的下洗流的方向是一致的。可是由于这样在飞行中方向操纵效率太低，所以在1972年将尾旋翼移动到了左舷。尾旋翼仍然是顺时针转动的，这样前行桨叶与主旋翼下洗流的方向相反，从而可以显著地增加尾旋翼的操纵效率。另外，也对喷口进行了扩大并带有向下的斜角从而可以阻止雨水的进入。

到1974年生产结束，共出产了240多架米-24A直升机。看似不合规定的苏联政府又一次习惯性地在官方支付完毕之前就拿到产品开始使用，并在空军允许使用的命令到达之前就让飞行员和地勤人员自己去熟悉这些直升机。最初，米-24A由独立的直升机团负责维护使用，但是后来便交由独立的直升机作战部队来控制。当苏联空军成立之后，米-24装备给了机械步兵师中的独立直升机班。米-24A也进行了出口（像出口到阿富汗、利比亚和越南）并且在阿富汗战争和各种各样的非洲冲突中开展了行动。

米尔V-24原型机（"雌鹿-B"）

米-24原型机的动力装置是一对1700轴马力的TV2-117A涡轴发动机，与米尔米-8"河马"直升机所使用的动力装置相同。它的主旋翼是经过改进后的米-8直升机的五桨叶主旋翼，尾旋翼采用三桨叶的形式，布置在尾部右舷。V-24可以安装可拆卸的短翼，这使得它可以挂载下吊式武器挂架。它没有安装机头机枪，也不准备安装导弹引导系统。它的舱门是垂直向外开启的，而不是水平向上或者向下打开。

米尔米-24B "雌鹿-A"

随着米-24A逐步开始进入生产，米尔设计局（OKB）继续对它的武器装备进行改进。米尔-24B或者称为241项目，它的典型特征是安装了一部由USPU-24提供动力的下置转台，上面装备了一挺12.7毫米机关枪。这挺机枪由KPS-53AV瞄准系统进行控制，它可以根据直升机的飞行自动对瞄准进行修正。这套系统装有一台模拟计算机，它可以接收来自直升机空气数据传感器的输入信号。

　　人工导引的9M17M Falanga-M反坦克导弹也进行了升级，即9M17P Flanga-P。这种导弹由Raduga-F半自动控制瞄准线导引系统进行控制，这使得它的杀伤力增加了3～4倍。这个系统的瞄准部分由微光电视（LLLTV）和前视红外线（FLIR）传感器构成。这个传感器放置在一个位于前起落架前方靠右舷方向侧面有板筋加强的腹部壳体内，并有双层金属挡板来遮挡传感器窗口从而起到保护作用。这套系统是由陀螺进行稳定的，从而可以使直升机在瞄准的同时还能进行灵活的机动来规避地面火力。这套系统的导引部分（即命令中继天线）对称得安装在一个靠近左舷的小型卵形整流罩中。在安装了天线发射罩之后，它还可以随着对导弹的操纵进行横动。

　　由于米-24B没有带下反的短翼且机身两侧没有安装未能通过测试的可拆卸的导弹发射挂架，因而米-24B的实体模型可能是由原来的"雌鹿-B"实体模型重建而来。而实际上，它是由早期几架尾旋翼布置在右舷的米-24A改型而来。虽然米-24B在1971—1972年成功地通过了制造审查，但是最终还是放弃了。

米尔A-10

　　1975年，一架由苏联设计的直升机版A-10赢得了8项世界纪录。它由两台TV2-117A发动机提供动力，由于去掉了短翼，它看起来就像一架两侧被切掉了的早期"雌鹿-B"。打破纪录的试飞是在1975年7月16号到8月26号之间进行的。这些纪录包括：以212.9英里/小时（342.6千米/小时）的平均速度飞行15~25千米（9.23~14.53英里）；以207.82英里/小时（334.44千米/小时）的平均速度飞行100千米（62.13英里）；以206.69英里/小时（332.62千米/小时）的平均速度飞行1000千米（612.40英里）；可以在2分33.5秒的时间内爬山至3000米（9843英尺）的高度；升限可以达到6000米（19685英尺）（可以在7分43秒内爬升至此高度）。

米尔米-24U "雌鹿-C"

米尔米-24U是一架在"雌鹿-A"的基础上去掉了所有武器装备但是保留了固定小翼并且装备了两套操纵系统的专门用于训练的直升机。少量的米-24U服役于苏联军队（主要是二线的训练部队），另外还有少量的米-24U连同"雌鹿-A"一块出口到阿富汗、阿尔及利亚、利比亚和越南。现在已经没有米-24U仍在部队中服役。

"雌鹿"系列

V-24 原型机

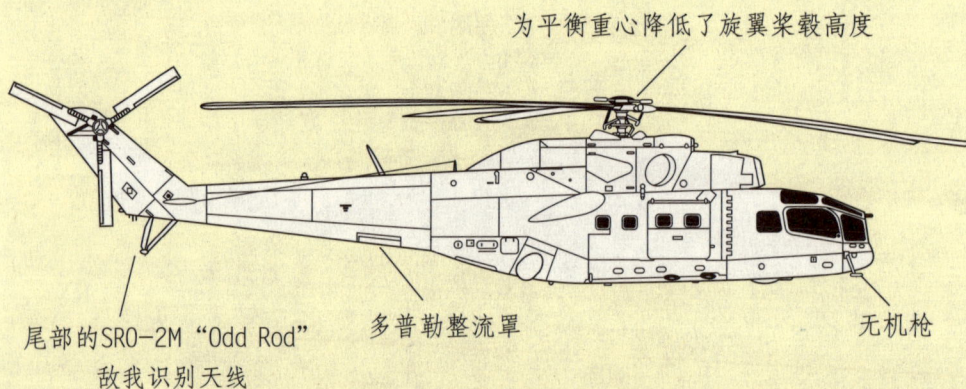

为平衡重心降低了旋翼桨毂高度

尾部的SRO-2M "Odd Rod" 敌我识别天线

多普勒整流罩

无机枪

"雌鹿-B"

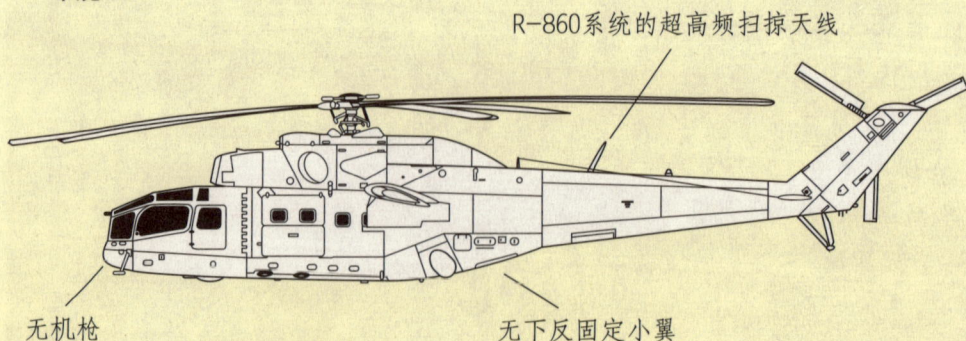

R-860系统的超高频扫掠天线

无机枪

无下反固定小翼

"雌鹿-A"

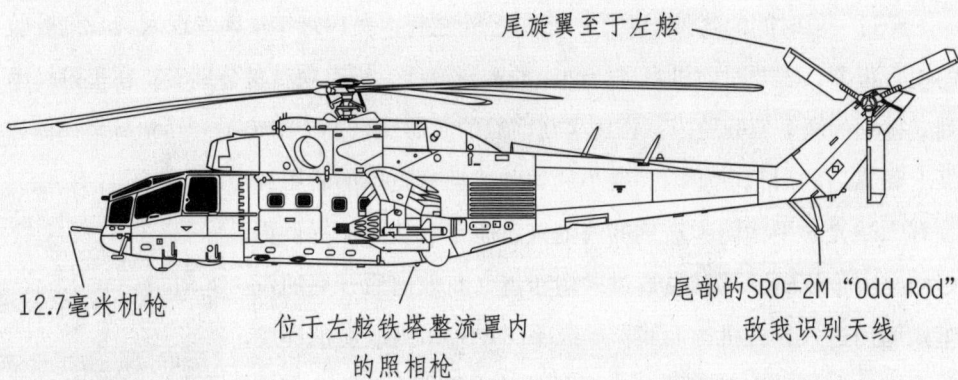

尾旋翼至于左舷

12.7毫米机枪

位于左舷铁塔整流罩内
的照相枪

尾部的SRO-2M "Odd Rod"
敌我识别天线

"雌鹿-C"

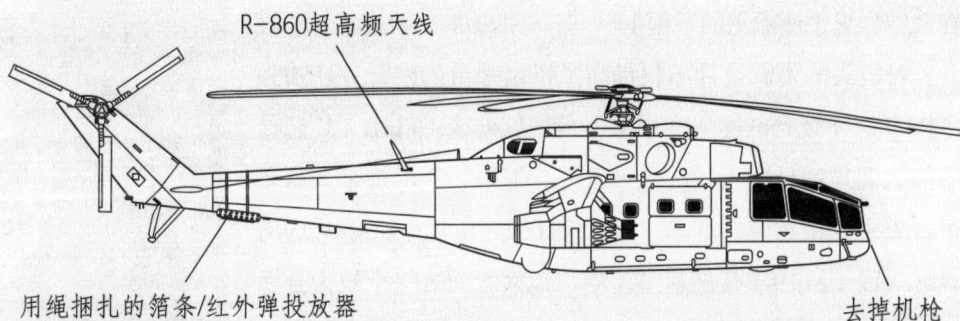

R-860超高频天线

用绳捆扎的箔条/红外弹投放器

去掉机枪

"雌鹿-D"

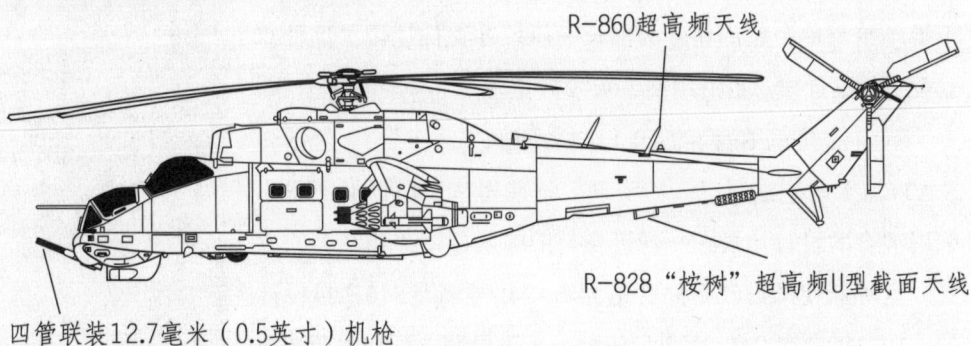

R-860超高频天线

四管联装12.7毫米（0.5英寸）机枪

R-828 "桉树"超高频U型截面天线

米尔米-24D "雌鹿-D"

经过一段时间的驾驶积累了一定的经验之后，在1971年早期发现米-24Z驾驶舱的视野很差，需要对前机身进行彻底的重新设计。机组乘员被分别安排在呈阶梯串列式排列的两个驾驶舱内。相比坐在前舱的武器操纵手（WSO），驾驶员坐在更为靠上和靠后的后驾驶舱内。狭小的驾驶舱拥有更厚的装甲和装有大块光学平面防弹玻璃的气泡式座舱罩，从而能提供更好的全方位视野。驾驶员通过一扇布置在右舷向后开启的汽车式舱门进入直升机，而武器操纵手（WSO）驾驶舱的座舱盖可以从左舷向右舷打开。一根长长的空速管和DUAS-V俯仰、偏航风标安装在右舷附近，而敌我识别（IFF）天线安装在武器操纵手座舱罩的罩框上。

对机头的重新设计不仅提高了机组乘员的视野，还加强了Raduga-F微光电视（LLLTV）/前视红外线（FLIR）传感器的能力和导弹导引天线的操纵条件。但是，这反过来又需要进行更多其他相应的更改。为了保证微光电视（LLLTV）/前视红外线（FLIR）传感器整流罩与地面之间有一个较为合适的距离，相应地对前起落架进行了加长，使得米-24D停在地面时有一个明显的抬头角。可伸缩的前起落架轮胎不得不设计成半外露的，使得米-24A这对突出来的前起落架机轮舱盖不得不给与单个舱门相连的加长油压缓冲支柱让位。这种双驾驶舱的设计概念也沿用到了米-24V上。

不幸的是，在米-24D上加装Shturm-V反坦克导弹（ATGM）的想法仍然未能实现。这使得米尔设计局不得不采用混合的设计布局——新机身与旧的武器系统相结合的方式。这种断代的设计布局就是为米-24D或者是246项目设计的。1973年米-24D在发展（Progress）飞机制造厂和罗斯托夫

（Rostov）直升机制造厂投入生产，到1977年生产结束共产出350架左右。包括阿塞拜疆、保加利亚、古巴、匈牙利、波兰和俄罗斯在内的许多国家现在仍保有相当数量的米–24D直升机。

米尔米-24V "雌鹿-E"

这架印有鲨鱼嘴的波兰空军"雌鹿-E"隶属伊诺夫罗茨瓦夫（Inowroclaw）基地的第56 PSB。在波兰的服役过程中，"雌鹿-E"一直被称为米-24W，而不是米-24V。波兰共有16架米-24W直升机，其中一架在服役过程中坠毁的直升机被其他直升机代替。

防御系统

米-24V直升机在后机身可以携带L-166V-1AE ispanka红外干扰发射机，并在尾梁下面或者在机身两侧装有三联装的32发装弹的ASO-2V箔条红外弹发射器。这架飞机像大部分现役的米-24V和米-24W一样在机枪手座舱罩两侧下部十分明显地装有L-006 Beryoza雷达寻的境界系统（RHAWS）天线。

武器装备

　　"雌鹿-E"装有四联管的12.7毫米机枪和可供1470发弹药。同时还载有四个AT-6"螺旋"（Spiral）空地导弹发射架，成对地安置在翼尖挂架之上。而两机枪发射器分别布置在翼下内侧的挂架上。这些机枪发射器上各有一挺GSh-23L 23毫米机炮。

武器导引

　　标准的电子光学模块安装在右舷，同时新型的固定的Shturm V导引天线安装在位于左舷的半球形天线整流罩内。

动力装置

　　米尔米-24V由一对Isotov TV-3-117V涡轮轴发动机驱动。它能提供更大的动力，并具有更加优越的高空性能。米-24V的设计可能来源于这台发动机的设计。为与盒状红外抑制器配合，这台新的发动机采用了著名的"边缘"向下偏移的设计。

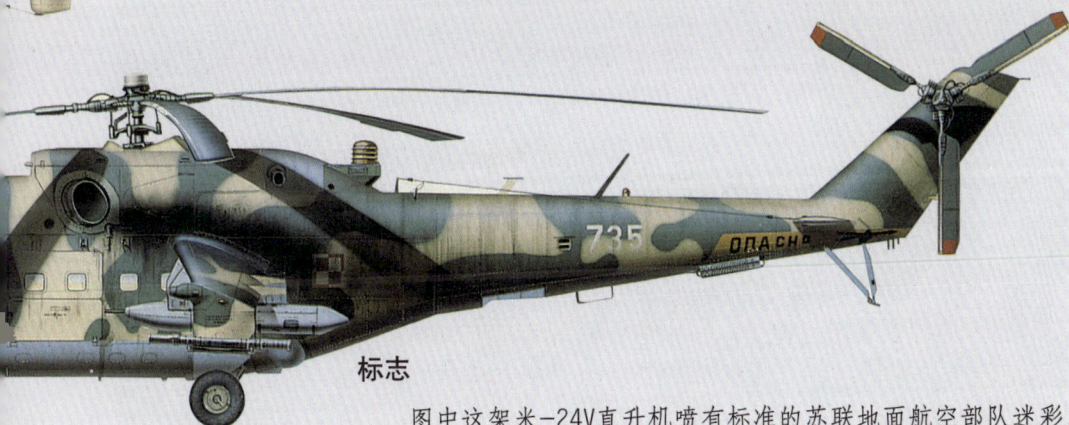

标志

　　图中这架米-24V直升机喷有标准的苏联地面航空部队迷彩，并在尾梁上用较小的白色图标喷上了系列编号，而在后部机身两侧喷有国籍的标志。

"雌鹿"后期型号
Production variants

后期的米–24型号从米–24V开始，参照驾驶积累的经验引进了新的发动机和反坦克导弹。

米–35 "雌鹿–E"

多年来除了华沙条约成员国，"雌鹿–E"几乎不开放对外出口。后来，为了开放出口外销，因而去除了作为米尔米–24V先进防御系统一部分的9M114 Shturm导弹以及相应的导引装置。最后作为一款低配的对外出口型号，米尔米–35诞生了。

米-24V "雌鹿-E"

米-24V是一款与米-24D同步发展的机型，米24-V的飞机外形、发动机、导弹早已选定。它于1976年进行首飞，但是由于Shturm导弹的研制问题，推迟了它的服役时间，直到1979年才进入部队（比米-24D晚了两年）。早期的米-24V与米-24D没有多大差别，没有PZU发动机进气滤清器，航空电子设备和天线的布置方式也基本相同。唯一能看出来的区别是为9M114 Shturm（AT-6"螺旋"）导弹安装的新的Shturm-V导引天线盒和附加的轨道发射架。米-24V直升机迅速地取代米-24D进入苏联军队服役。并且一些早期生产的米-24V可以回收到原厂进行改造优先用于出口，或者是升级到后期版本。

作为在苏联军队中服役的主要米-24型号，米-24V得到了许多改进。第一架米-24V使用的是与米-24D一样的发动机，而经过改进的TV-3-117V在进入生产后才采用。新的发动机向下排气系统和相关的红外抑制器几乎是在米-24V生产后期的批次中才引入的，并且立即安装到了更早的米-24D和之后的米-24P直升机上。从1985年开始，各种报道称米-24V可以在短翼外侧挂架携带额外的9M114发射架，从而可以使导弹携带的总数达到8枚。

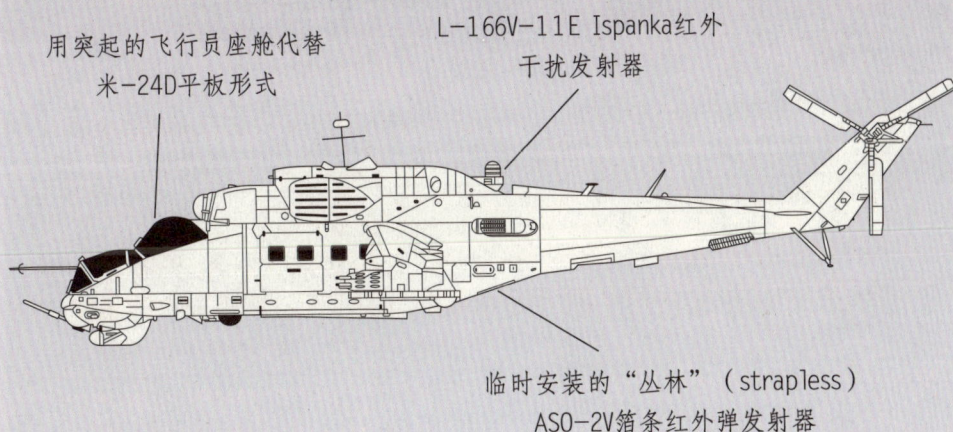

用突起的飞行员座舱代替
米-24D平板形式

L-166V-11E Ispanka红外
干扰发射器

临时安装的"丛林"（strapless）
ASO-2V箔条红外弹发射器

米–35 "雌鹿–E" 训练型号

虽然任意一架服役的直升机都能用来训练，但是用于前线米–24改型的教练机在前驾驶舱装有基本的"折叠式"（foldaway）飞行操纵装置，可以专门用于训练。米–24U "雌鹿–C" 和米–24DU "雌鹿–D" 都是专门用于训练的机型，装有两套操纵装置和小口径机枪。"雌鹿–E" 同样也有专门的教练机型，虽然只是用于出口。目前仍无法确定印度军方是否会建立或升级出一支专门的教练机部队。

米-24P "雌鹿-F"

　　之前在阿富汗的作战经验表明，许多目标用0.5英寸（12.7毫米）的机枪无法造成有效伤害，到那时用无导引的火箭弹或者是导引火箭成本又太高。因而米尔设计局开始着手设计两种装有不同口径机炮的"雌鹿"改型（由米-24V衍生而来）。其中一种即米-24P。这种型号设计装备一门双管的30毫米GSh-30-2机炮。但是由于它体积过于庞大而不能布置在机头塔台内，所以它被安装在前机身的右舷，通过操纵直升机本身来瞄准。这种型号在1982年年末才为西方国家所知。米-24P出口到了东德。像"雌鹿-E"一样，米-24P的前驾驶舱装有应急操纵杆。当驾驶员不能进行操纵或者是训练人员在后驾驶座监督学员操纵直升机时，位于前驾驶舱的人员可以用它进行操纵。前驾驶舱同样还有可折叠的总距杆和偏航踏板。

米–35P "雌鹿–F"

雌鹿–35P是针对"雌鹿–F"出口型设计的，直到1989年米–35P在雷德希尔（Redhill）举行的直升机技术博览会上亮相，它才为世人所知。这是"雌鹿"第一次在西方世界面前公开亮相。这架米–35P的H–370代码可能是它在巴黎航展上的所使用的代码，但是实际上可能是安哥拉空军的编号。德国空军一直使用米–24P而阿富汗的米–35P（如果它们确实是米–35P而不是从苏联空军借来的米–24P）已经退役，所以只有安哥拉和伊拉克现在是米–35P的出口国。

用于R–852 ARK–U2的扫掠天线（"五月天"）

L–116V–11–E Ispanka红外干扰发射器

用于R–863的T形超高频扫掠天线

与排气抑制器相应的向下排气装置

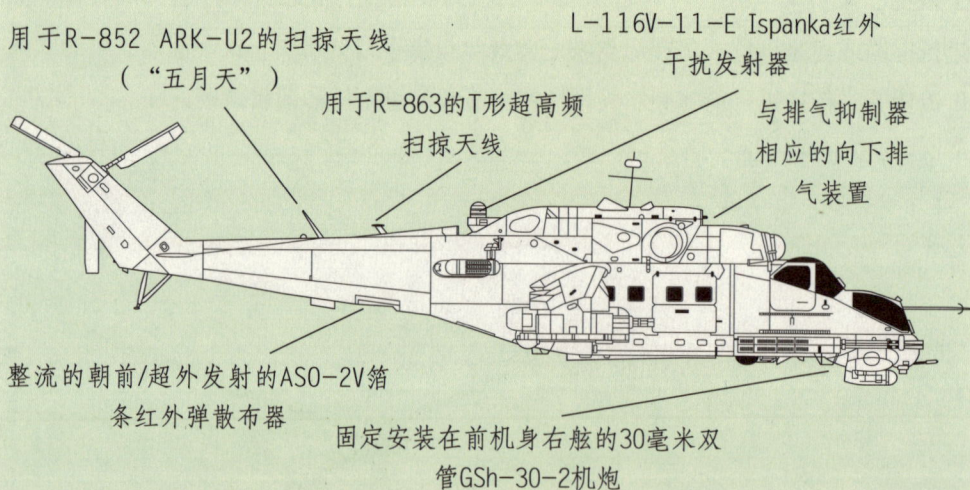

整流的朝前/超外发射的ASO–2V箔条红外弹散布器

固定安装在前机身右舷的30毫米双管GSh–30–2机炮

米–24VP

在阿富汗作战所暴露出来的问题使得提高米–24的火力极为必要，而米–24VP正是在米–24P的基础上进行的另一种更改设计。作为米–24V的衍生型号，它采用了一门安装在塔台上的23毫米双管Gsh–23L机炮取代了那门安装在米–24P机身上的30毫米口径的机炮。由于相比（0.5英寸）12.7毫米口径的机枪采用了更大的口径的23毫米机炮，因此载弹量会大大减少，因而需要对储存和携带弹药的系统（所占空间不变）进行重新设计。有报道称拍到带有开孔式尾旋翼的实验型米–24VP和另一架带有窄"X"（delta H）型尾旋翼的米–24VP飞行，其尾旋翼布局类似米–28和AH–64"阿帕奇"直升机。由于发现新的输弹系统有问题且可靠性不够，因而对米–24VP的生产进行了限制。勇士（老鹰）飞行表演队在图约克（Torjok）训练中心训练时，至少有一架米–24VP发生坠毁（据猜测），这些米–24VP都绘有英方的标志。

米-24RCH "雌鹿G1"

米尔米-24RCh〔RCh表示高空的（Razvedchik），或者是侦察/生化的〕是一架核生化（NBC）设计的专用侦测/侦察直升机，它的设计为收集土壤和空气样本进行分析而进行了专门的优化。虽然不能完全肯定，但是这个型号确定是一款专门的生产型号，而不是直接由米-24V改造而来。它的驾驶舱和机身都是密封的，一个巨大的空气滤清器安装在机身地板上，位于下部近身左舷和机身舱门之前。尽管如此，四名乘员（包括驾驶员、武器操纵手、机组工程师和分析专家）在飞行过程中仍然穿着核生化防护服。土壤样本通过抓取（grab）的方式进行收集，其中三份通过一个位于翼尖挂架下的爪型装置来收集携带。某些米-24RCh直升机也在其尾部的缓冲器上也安装了一个伸缩装置。这个装置可能是用来放下或者是烧毁一些地面标识的。空气样本通过位于机身舱门左舷的开口来进行采集，通过一根显眼的橘黄色的管路将样本输送给分析仪器。一个庞大的数据链接控制台占用了大部分机身前方的空间，可以让分析人员将初步的结果传输给当局。

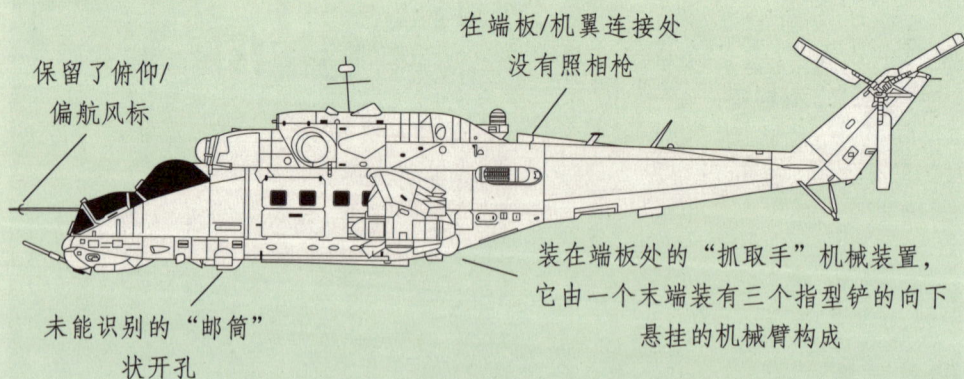

在端板/机翼连接处没有照相枪

保留了俯仰/偏航风标

未能识别的"邮筒"状开孔

装在端板处的"抓取手"机械装置，它由一个末端装有三个指型铲的向下悬挂的机械臂构成

米-24RCh不能装载反坦克导弹，所以机身下部也没有相应的导引盒，机身下的光学瞄准系统也被取消。虽然前驾驶舱需要容纳两套操纵装置，但是机枪塔台还是留下了。我们可以看到飞行中的米-24RCh直升机常在其翼下带有火箭发射器。机舱的窗户布置基本没做什么更改，两扇相连的窗户布置在右舷的入口舱门处取代

了之前单独的一扇观察窗。某些米–24RCh直升机还安装了新标准的完全整流的箔条红外弹散布器，另一些则用原始的框架来安装。还有像PZU吸入滤清器和后期型号的向下排气装置可能也应用到米–24RCh之上。

大而凸出的观察窗代替了普通的观察窗，布置在机身右舷舱门靠上的部分

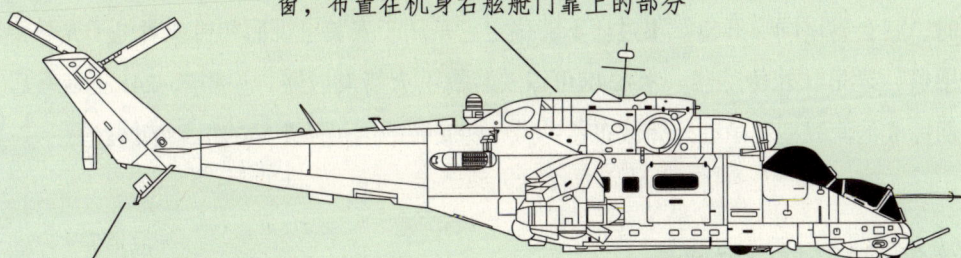

安装在尾橇上的选择性地标（放置/销毁）发射器

米–24K "雌鹿G2"

米–24K［K表示修正（Korrektirovchik）或者校正（correction）］是一款专门用于炮击校准的直升机，相当于现代的火炮观察员。它使用一款安置在机舱内使用1300毫米/8倍光圈的超远摄变焦镜头的全自动相机来对弹着点进行观察。出入机舱只能通过位于机舱左舷的舱门进行，右舷舱门是封闭的，它的观察窗被移除并用

无右侧机身舱门，相机放置在前方的下部舱门

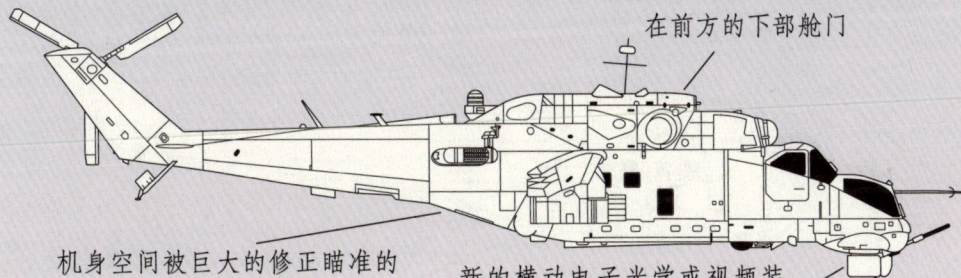

机身空间被巨大的修正瞄准的相机和数据链接装置所占据

新的横动电子光学或视频装置由向上开启的口盖保护

一个单独的且位置更低的观察窗代替，而镜头正好指向此处。另外此处还有一个更小的开孔用来放置曝光计。据称米-24K不像米-24RCh一样装有两套操纵系统。米-24K不能携带反坦克导弹并且在前机身左舷下方没有相应的导引装置。但是在机头右舷下方除了装有机枪塔台之外还装有一个整流罩。这可能是一个旋转装置，当指向前方的时候，一个由铰链连接的整流罩可以给它提供遮挡。当铰链向外转动时，就会露出圆形开口。不过还不能确定它是用于安装电视照相机或者电子光学传感器，还是红外传感器。米-24K可以安装翼下火箭发射器。一些米-24K还装有后期标准的流线型箔条红外弹散布器；另一些安装的则仍是粗糙的框架结构。

米尔-24 环境研究型号

一架"雌鹿-E/F"子型号直升机在Nizhny Novgorod［现在改名为高尔基（Gorky）］举行的国际地球生态资源博览会上进行展出。据报道它是用来完成海面油污染、洪水、空气污染监测等其他类似任务的。这架直升机装有综合的数据传输装置，可以通过数据链接将中继信息发送给地面站。在它的机头处还装有一个特殊的传感器，用来收集各种信息并通过武器操纵手的挡风玻璃将它们水平投影到正前方。除此之外，它还在右舷翼下外侧的挂架上装有一个盒状的发射器。据说这个发射器是由"波莱"（Polet）科学组织和无线电物理研究学会共同研制的。

未识别的，可能是可半缩回的探头（tongue）整流罩，取代了原来机枪塔的位置

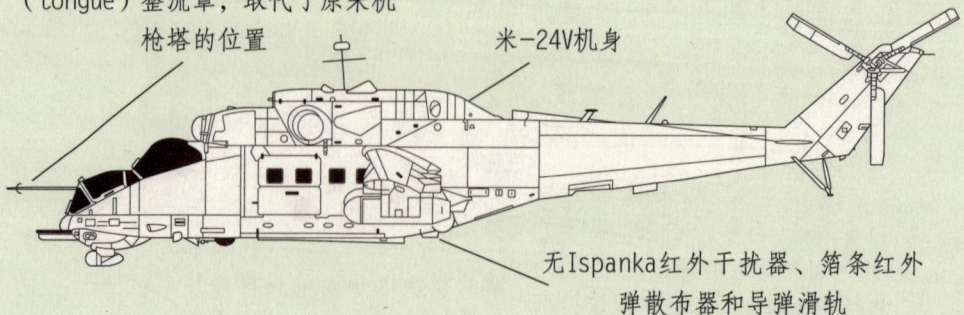

米-24V机身

无Ispanka红外干扰器、箔条红外弹散布器和导弹滑轨

米–35M

　　作为米–24/35的可夜间作战的升级版，米–35M是一款与米–24M一样用于出口的直升机。它直接出口到俄罗斯军队（现在有人提议用升级更为适度的米–24VP）。米–35M使用的是与米–28相似的主旋翼和变速器，还有2194轴马力（1636千瓦）的克里莫夫TV3–117VMA发动机。由于使用了钛合金主旋翼、复合材料桨叶、缩短了短翼并且采用不可收回的起落架，使得米–35M的空重大为降低。一挺双管23毫米机枪安装在机头塔台内。导弹携带量可达到16枚Shturm导弹，或者是更多的现代9M120导弹并配以一定数量的9A–220 Ataka导弹进行自身防御。由赛克斯坦航空电子/汤姆森光学电子（Sextant Avionique/Thomson Optronic）联合研制的可夜间操纵航电系统（NOCAS）给米–35M提供了夜间目标获取和识别、导弹导引盒机枪瞄准的能力。

本页图：尽管据称米-28"浩劫"在竞争中被卡莫夫的卡-50"黑鲨"击败，并且没有足够的经费支持，但它仍被俄罗斯认定为其下一代攻击直升机。

米尔米-28"浩劫"直升机
Mil Mi-28"Havoc"

俄罗斯版"阿帕奇"
Russia's Apache

在米尔米-28"浩劫"首次出现在出版物的照片上之前,它于1989年在巴黎的航空沙龙上在公众面前首次亮相。一般都认为米-28是苏联为对抗美国AH-64A而出现的,虽然进行了一些改进,但是"浩劫"直升机未来的发展现在却受到了质疑。

米-28的研制毫无疑问是被美军先进攻击直升机研制项目和休斯公司的AH-64"阿帕奇"直升机所驱使的,并早在1975年9月便开始进行。基于米-24"雌鹿"武装直升机/运输机的设计经验,米尔设计局在马雷·特蒂奇申科(Marat Tichenko)的领导下开始着手设计一种更小的、专门用于反坦克的直升机。项目进

前方乘坐武器操纵手）。米-28采用三轮式起落架，配以一个较大的主轮和一组转向尾轮。主旋翼安装在钛合金桨毂上，五片复合材料桨叶各自通过单独的弹性支撑与之铰接。桨叶有着一个拱形的高升力区域并在翼尖带有后掠。第一架原型机安装的是传统的三叶尾旋翼，而第二架和第三架原型机采用的是四叶剪形尾旋翼。桨叶相互之间夹角约为35°，呈"X"状。动力装置采用的是两台克里莫夫（Isotov）的TV3-117VMA涡轮轴发动机，每台能提供2225轴马力（1659千瓦）的动力。这两

上图：缓慢飞离货船并运载着一台苏联国家航空（Aeroflot）安124"康多尔"自动控制导航系统的是米尔设计局最新设计的攻击直升机。在萨里耶郡雷德希尔举行的第89届直升机技术大会是该机型在英国的首次亮相。

下图：虽然在悬停的时候机炮也可以由后驾驶舱的乘员来操作，但是一般来说机头的2A42机炮和安装在短翼上的导引武器都是由前驾驶舱来进行控制的。另外一种专门用于米-28的新型机炮正在研制中。

展十分迅速，第一批4架原型机（012）于1982年10月首飞，几乎比第一架交付给美军的AH-64的时间还要早一年。被北约称为"浩劫"的米-28直升机沿用了传统武装直升机紧凑和四方的传统构型，机头下布置了机炮，采用装甲加强的阶梯式驾驶舱（后方乘坐驾驶员，

上图：两个发动机都装有一层朝下的结构（复合材料）进行遮挡，这使得在地面模拟红外制导的地对空导弹时，米-28的排气热流会直接起到引导作用。一种朝上的遮蔽结构据说在早期的原型机上进行过测试

台发动机安装在机身两侧上方的机匣内。在每架原型机上安装了不同参数的排气抑制器进行测试。最新的构型采用的是在红外抑制遮蔽上布置3个向下喷射喷嘴的形式。其短翼带有4个武器挂架，并与发动机机匣相连。每个挂载点可以携带1058磅（480千克）的重量，一般由4枚管式发射的9M114 Shturm C（AT-6 "螺旋"）导弹、或者9M120 Vikhr反坦克导弹、或者9M39 laga V 空空导弹加上一个多口径［3.15英寸（80毫米）或者是4.8英寸（122毫米）］火箭弹发射器和机枪发射器。两侧短翼翼尖都装有特殊的箔条红外弹散布器和临时安装的雷达激光警示接收器。米-28在其机头下方也装有一门单管的30毫米2A42机炮，两盒装有150发弹药的弹药箱横向相连并与机炮一同进行

上图：米-28的乘员周围都用装甲进行了加强保护，据各种报道称这些装甲是由钛合金构成的壳体或者是复合材料的装甲板构成。50毫米厚的观察窗能够承受7.62毫米火力的射击并在对12毫米口径火力时能提供一定程度的保护。

升降和俯仰操纵，从而可以尽可能地减少干扰。机炮横向沿中心线左右可转动110度，向上能转动13度，向下能转动40度。射击速度有两种选择：一种是空对地时使用的300发每分钟的射速；另一种是空对空时使用的900发每分钟的射速。机头顶端装有一个用于导弹制导的雷达天线整流罩。在其下方装有一个可在白天进行光学瞄准和激光测距的设施

驾驶舱被没有任何起伏的平板防弹玻璃所覆盖，并有钛合金和陶瓷装甲进行保护。重要的部位进行了着重保护并进行加厚或者用相比较为不重要的部件来防护。当受到致命攻击时，乘员会受到可吸收能量座椅的保护。乘员座椅能承受40英尺（12米）每秒的下坠速度。米-28上还装有相应的紧急逃生系统，当发生紧急情况

时会炸掉舱门并将机身侧面的气囊充满。在完成这些之后，机组乘员才能切断他们降落伞的剥离绳准备跳伞。

　　在左舷一侧的短翼之后有一个舱门可以进入航电设备室，这个舱室可以容纳2~3人（比较拥挤的情况下）。这便允许米-28能在作战时搭载已坠毁的米-28直升机的乘员。

卡莫夫的挑战者

　　米-28一直在为了得到政府的资助而同卡莫夫的卡-50/卡-52进行竞争。据说在选择有关俄罗斯下一代攻击直升机用以取代米-24的竞争中米-28输给了它的竞争对手。俄罗斯军方对卡-50的正式采购开

下图：第四架米-28原型机在第94届亚洲航空展上展出以期能够将米-28出售到远东。到现在为止，针对这架早期的"浩劫"直升机模型并没有任何新的指示做出。

始于1994年10月。尽管服役的数量有限，但是有关它的资金支持和具体产量仍不为众人所知。

米尔设计局顶住了压力并继续开展论证确定米-28的最终构型，即米-28N［（Norchnoy）夜间型号］——非官方的叫法为"浩劫-B"。米尔设计局称这款直升机为"夜间海盗"和"黑夜猎手"。由于装备了一台桅装的毫米波雷达，使它具备全天候夜间作战的能力。虽然不清楚这款俄罗斯的雷达是否真的已经研发出来，但是据称它与AH-64D装载的张弓雷达性能相当。在米-28上还加装了包括天顶公司生产的机载电视和红外传感器等新的传感器，并在机头雷达罩下方的球形塔台内安装了激光点跟踪器。

米-28N原型机（白色014）于1996年8月16日在莫斯科附近的米尔制造厂生产出来。这架原型机早在1995年就在莫斯科航空展上展出过，但是没有安装任何航空电子设备。它于1996年9月14完成首飞，然后逐步展开飞行试验。米-28N得到了俄罗斯政府肯定的评价，但还是没有得到实际的资金支持。

国外的兴趣

1995年10月，一场对基本型米-28的评估在瑞典军方的航空中心进行。这次评估的主要内容是想确认作为瑞典对专用武装直升机需求的一部分，米-28是否能成功地与AH-64进行对抗。三名飞行员（两名瑞典、一名俄罗斯）用同一架

米-28（042）完成一些战术任务并进行实战武器射击。虽然对一些机载系统的先进性（和安全性）提出了保留意见——由于缺乏有效的技术文件支持和标准论证，但是瑞典对这架直升机坚固的结构、人机交互系统和它令人信赖的性能表现印象深刻。武器的精准性被描述为"很好且具有令人惊叹的可重复性"。米-28最大的缺陷是它缺乏夜间作战能力，这一缺陷在米-28N上得到了修正。瑞典仍在继续推米-28进行单独的评估而且给予了肯定的

上图：用于开展地面攻击任务的"浩劫"直升机可以装备9M114 Shturm C（AT-6 "螺旋"）反坦克导弹和20发UV-20火箭发射器（装有80毫米的C-8火箭弹），如图所示。

评价——在某些方面"浩劫"直升机的表现比AH-64A"阿帕奇"直升机还要好。但是米-28特别是米-28N仍是一款不成熟的设计，可能永远都不会装备俄罗斯部队。这就几乎完全否定了它对外出售的可能性。

苏霍伊公司 Su-17/20/22 "装配匠"
Sukhoi Su-17/20/22 "Fitter"

前苏联攻击机
Soviet attacker

Su-17 "装配匠" 同其之前的型号 Su-7维护特性类似，但是经过战场检验的Su-17的载弹量翻倍，并且起飞跑道的长度只需要Su-7的一半。在服役30年之后，Su-17仍然出现在许多国家空军的编制中。

20世纪60年代中期，在Su-7B机型引入服役，改进型号Su-7BKL以及Su-7BMK开始进行研发之后，苏霍伊设计局接到了改进其战斗轰炸机的起飞着陆性能的任务。Su-7BKL已经装备了采用固体燃料的喷射机起飞促进（JATO）火箭发动机以

及减速伞，但是在设计新的战斗机时需要考虑更加彻底的方法。因此，苏霍伊设计局开始同时测试短距起降（STOL）以及变几何外形飞机，T-58VD以及S-221分别是Su-15以及Su-7的发展改进型。

S-221变几何外形战斗轰炸实验机型

上图：Su-17M最新的型号是苏联解体前VVS的重要战术组成部分。图中近处的飞机，一架Su-17M-4 "43 Blue"，在右侧机翼下部携带有典型的地面攻击武器，一枚S-24 240毫米（9.4英寸）口径火箭弹，以及在机身下部携带的FAB-250 250千克（551磅）炸弹。

是基于一系列Su-7BM的机身进行的，只是在机翼外侧进入了可变结构，在翼尖部分起落装置上装有转轴。这种方法使得结构重新设计的部分降到最小，降低了在机翼变后掠过程中气动压力以及重心变化所导致的影响。Su-22I，前苏联的首架变几何外形飞机于1966年8月2日进行了首飞。1967年7月，喷涂有醒目的红色闪电的Su-

22I在多莫杰多沃（Domodedovo）航展中公之于众。

进入批量生产的Su-17

同Su-7机型相比，S-22I在起飞着陆性能上有很大的改进；同时，其航程以及在较小后掠角情况下的耐受性也得到了提高，只不过同Su-7BM相比，载油量减小结构重量增加。1967年9月，在经过政府协议通过之后，批量生产正式开始。

S-22I的生产型被称为Su-17（设计局也将其称为S-32）。Su-17的编号之前被1949年的变后掠角 "R" 实验机型所采

上图：所示为首批Su-17生产机型之一，明显装备有4个KMGU子弹药布撒设备（submunitions dispenser）。最初的Su-17在载重方面只不过比Su-7B稍微先进一些，只有起飞着陆性能得到了真正的加强。

用。除了新式的机翼之外，Su-17机型同Su-7BKL/BMK机型在维护保养特性上基本通用，另外还采用了Su-7U的锥形整流罩作为附加装备。在固定翼部分增加了两个额外的挂载基座，这样一共就有6个挂载点。液压设备、燃油系统、电子设备以及航电设备基本上是从Su-7BKL机型上复制过来。通过引入Kh-23（AS-7"Kerry"）空对地导弹（ASM）以及可以装载最多253加仑（1150升）燃油的油箱，提高了该机型的战术作战能力。Su-7B机型挂载在机翼上的NR-30 30毫米

口径机关炮被保留了下来，另外还可以挂载安装带有铰接滚筒的SPPU-22 23毫米口径机枪吊舱，以提高攻击火力。开始的Su-17机型的最大作战重量为6612磅（3000千克），包括最新引入的80毫米（3.15英寸）口径S-8以及250毫米（9.84英寸）口径S-25非制导火箭弹。

Su-17同其前者相比在战术作战能力上得到了很大的提高，但是由于在生产型中结构重量的增加意味着同Su-7BKL相比在性能上只有起飞着陆性能得到了实际的改善。尽管如此，Su-17机型于1969年开始批量生产，开始时同Su-7B机型同步生产，但是在1971年后者逐渐被淘汰。最初的Su-17机型装备于唯一的测试评估单位。首个主要的系列生产版本为Su-17M机型，该机型引入了AL-21 F-3动力装

上图：斯洛伐克的Su-22M-4R主要用来执行战术侦察任务，为此，该机型装备了KKR 红外线（IR）/摄影/电视（TV）吊舱。该机型装备于捷克斯洛伐克的第47PZLP战术侦察飞行团。

置，推高了燃油容量并升级了相关设备。新一代的AL-21 F-3涡轮喷气发动机能够产生更大的推力，但是尺寸更小，使得可以增加燃油载荷。另外还增加了新式的液压系统、十字形减速伞以及现代化的PBK-2KL投弹瞄准器。在机身下增加的挂架使得挂载点的数量增加到9个。从1972年开始，Su-17M机型开始交付到苏联远东地区的空军，另外也作为Su-20进行出口。Su-20同Su-17M的区别很小（例如引

入了R-3S/AA-2"Atoll"自我防卫空对空导弹），在波兰、埃及、叙利亚以及伊拉克的空军中进行服役。一架Su-20出口机型的固定翼版本被用来进行飞行测试，但是该机型（采用Su-20标准型号的机身以及Su-7BKL的机翼）于1973首飞后被取消研发。

1975年，在Su-17之后，Su-17M-2机型开始服役，装备有升级后的武器投放系统。Su-17M-2机型先进能力的关键之处在于Fon激光测距仪，同时与ASP-17光学瞄准器、PBK-3联合炸弹/机关炮瞄准器以及KN-23一体化导航系统相结合。后者可以使飞机自动飞向预先设定的目标。Su-17M-2机型以及与其相当的Su-22出口机型独特的特点却是安装在机头下部的DISS-7多普勒系统。Su-17M-2机型可以携带Kh-25（AS-10"Karen"）以及Kh-29L（AS-14"Kedge"）空对地导弹，同时也可搭载R-60（AA-8"Aphid"）空对空导弹。出人意料的是，与Su-17M-2机型相关的出口机型Su-22装备有米格-23BN/米格-27系列机型的R-29B-

300发动机，并且增加了后机身的宽度。Su-22机型并没有前苏联Su-17M-2机型的先进武器，被交付到安哥拉、利比亚以及秘鲁空军，并且全部参与了战争。

从根本上的重新设计

苏霍伊设计局接下来着重研发Su-17系列型号的驾驶舱的布局安排，为飞行员提供更好的视野。因此重新设计是必须进行的，并且首先在Su-17UM双座纵列式教练机上实现，该机型装备了全新设计的前倾了6度的机身以及加大了的背部整流罩。1974年，尽管单座式和双座式机型都有所需求，双座式的Su-17UM的需求更加优先，并于1975年首飞。

为了与Su-17UM相配合，苏霍伊设计局研发了Su-17M-3战斗轰炸机。作为

下图：1971年的Su-17M是首个批量生产的Su-17型号。图中样机装备有80毫米口径B-8M1以及57毫米口径UB-32M/57火箭弹发射器，以及UPK-23/250 23毫米口径机关炮。

上图：Su-17UM原型机是"Fitter"家族中首个引入经过特殊改进的驾驶舱以及向前伸出的机身外形的机型，开拓了飞行员的视野。

第一代新式单座机型，Su-17M-3保留了Su-17UM重新设计的前倾式机身，教练的位置被附加油箱所取代。另外还在机翼下部增加了两个额外的挂载点，用以搭载R-60空对空导弹来进行自我防卫，Klyen-PS激光设备取代了之前的Fon设备。Su-17UM以及Su-17M-3的系列生产开始于1975—1976年，两者都采用了面积更大的垂

直尾翼用于防止低速状态下的不稳定性。

Su-17UM以及Su-17M-3的出口型分别被命名为Su-22M和Su-22U，两者都采用R-29涡轮喷气发动机。从1982年开始，低配置标准的Su-22M、Su-22M-3开始服役，这种机型采用了Su-17M-3机型的全部设备。

为了配合联合训练，作战载荷减小的Su-17UM被Su-17UM-3所取代，该机型具备Su-17M-3机型的视野以及其他装备。1978年投入生产，最终所有的Su-17UM被升级到Su-17UM-3标准。Su-17UM-3相应地被命名为Su-22UM-3进行出口。该机型中的部分采用了R-29发动机，从1983年开始出口机型装备AL-21/F-3发动机作为标准配置。

Su-17机型的最终生产型确定为Su-17M-4（命名为Su-22M-4，完全用于出口）。该机型于1980年投入生产，其显著的特点是在背部的整流罩进气道。然而，在初期的型号当中，其主要优势为引入了综合导航以及瞄准系统，该系统整合了电脑、激光测距仪、新式的导航和瞄准设备、照明雷达以及电视显示器。在阿富汗进行了实际作战后，Su-17M-4（同Su-17UM-3一起）装备了额外的装甲以及IR诱导发射器（decoy dispenser）来提高其战场生存特性。

下图：安哥拉的Su-22（在机头下部装备有多普勒雷达的Su-17M-2的出口型号）被用于实际的军事行动中。图中样机驻扎于梅农盖（Menongue），在1986年对争取安哥拉彻底独立全国同盟（UNITA）进行攻击行动。

相关改型
Variants

Su-71G（S-22I）

S-22I是Su-17BM的变几何外形的衍生试验机型，采用了最小的结构变化。机翼转轴位于起落设备尾部，形成了可以变化的外部机翼部分，前缘后掠角可以从30°变化到63°。唯一的一架试验机型于1966年8月2日由伊留申设计局（V.I.Ilyushin）首飞。1967年7月9日，S-22I在多莫杰多沃航展由I.K.Kukushev首飞。在增加了新式的变后掠角上单翼机翼后，空载重量增加到20900磅（9480千克），Su-BM的空载重量为18440磅（8370千克）。

Su-17（S-32） "Fitter-B Mod"

Sukhoi设计局将该机型称为S-32，在连续生产之前，该机型被用户们称为Su-17。该机型于1967年生产交付，用于进行性能评估，生产型于1969年开始生产制造。Su-17具有同Su-7U相同的锥形整流罩，在机身两侧带有两个突出的线路管道，该特点来源于Su-7BKL/BMK机型。在固定翼下部增加了两个额外的挂架，这样一共就有6个挂载点。加强后的主起落架可以安装滑翘，用于被冰雪覆盖后的跑道上的起降。同Su-7BKL机型相比，Su-17机型的结构重量增加了大约2204磅（1000千克）。Su-17的驾驶舱进行了升级，采用了K-36弹射座椅。

Su-17M（S-32M） "Fitter-C" 以及Su-20（S-32MK） "Fitter-C"

首架连续生产机型为Su-17M，首飞于1971年，采用了新一代AL-21F-3发动机，取代了Su-17机型的AL-7F-1发动机。Su-17M（在伊尔库茨克的测试工厂生产了一架样机）可以携带额外的燃油，移除了机身两侧的线路管道。增加了尾翼的高

度，前机身加长了8英寸（0.23米）。采用了新式的圆筒形后机身部分，与更小的
AL-21F-3动力设备相连接，在顶盖上增加了后视镜，并且增加了一个十字形的减
速伞。挂载点的总数增加到了9个，前机身以及外部机翼下的挂载点可以携带副油
箱。Su-17M的出口型号是Su-20，于1972年首飞，并且交付到波兰、埃及、叙利亚
以及伊拉克空军。

Su-17R以及Su-20R "Fitter-C"/侦查改型

　　Su-17R机型及其相应的Su-20R出口型号进行了很少内部改动，但是装备了相
关电线线路以及液体线路，可以在中线上选择安装3个苏霍伊设计局设计的KKR多
任务传感侦查吊舱。一个吊舱装备有前置雷达以及电子情报（Elint）接收器；一个
带有前视相机、机载侧视雷达（IRLS）以及电子情报模块组件；还有一个携带有4
个相机、红外线反描显示器（IRLS）以及一块闪光灯胶卷盒电池。图中所示飞机

为波兰第7空军轰炸侦查团（Air BomberReconnaissance Regiment）的一架Su–20R机型，拍摄于1991年的Powidz。Su–22机型的样机也进行了改装，用于携带KKR侦查设备，命名为Su–22R。最近的战术侦查型号为Su–17M–3R（S–52R）以及Su–17M–4R（S–54R）。这两种机型分别命名为Su–22M–3R以及Su–22M–4R进行出口。同时Su–17M–3R机型在生产时进行了改装，用以在机身中线下部携带KKR吊舱，Su–17M–4R机型从一开始生产就采取了该设备。

Su-17UM (S-52U) "Fitter-E" 和Su-22U (S-52UK) "Fitter-G"

在引入了重新设计的前倾机身以及驾驶舱以改善飞行员视野之后，Su–17UM双座式战斗教练机被称为首个Su–17"第二代"机型。Su–17UM（以及其相应的装备了R–29BS–300发动机的Su–22U机型）也引入了新式的加大后的背部整流罩，两者都在1976—1981年进行生产。

Su-17M-2 (S-32M2)"Fitter-D"和Su-22 (S-32M2K)"Fitter-F"

　　Su-17M-2机型（图中上图所示为前苏联坦波夫飞行学校的样机）首飞于1973年，该机型通过引入Fon激光测距仪以及其他设备，包括在机头下部的多普勒整流罩，来改善武器投放能力。1975—1977年开始连续生产，出口型号为Su-22（图中下图所示为来自秘鲁Escuadronde Caza 11"Los Tigres"的样机），装备有R-29BS-300发动机。Su-22机型也被出口交付到安哥拉以及利比亚，在1976—1980年间进行生产，采用了较低配置的航电设备。

Su-17M-3 (S-52) "Fitter-H" 和Su-22M (S-52K) "Fitter-J"

Su-17M-3机型经过联合研发，与Su-17UM机型并行生产，以满足前苏联政府对新式战斗轰炸机型的要求（图中上图为一架携带有S-25火箭弹的前苏联样机）。前部的驾驶舱结构来自于Su-17UM机型，教练的位置被用来携带更多的燃油。在机翼下方增加了两个可以携带R-60自我防卫空对空导弹的挂架，武器系统进行了升级，采用了Klyen-PS激光制导系统。出口型号为采用R-29BS-300发动机的Su-22M（在1979—1981年间生产）。图中下图所示为1981年一架装备了R-3S空对空导弹的利比亚Su-22M在地中海地区被一架美国海军的飞机拦截。

Su−17UM−3 (S−52UM3) "Fitter−G" 和Su−22UM−3(S−52UM3K) "Fitter−G"

通过将基本的Su−17UM作战训练机型升级到Su−17UM−3标准（图中所示为一架前苏联飞机，教练员的潜望镜展开），该机型为前苏联飞行员训练的统一机型。Su−17UM−3机型从1978年开始生产，采用了Su−17M−3的设备。在1979—1980年间，Su−17UM机型最终被升级到Su−17UM−3机型标准。Su−17UM−3的出口版本为Su−22UM−3，采用了R−29BS−300发动机。Su−22UM−3机型于1982年开始生产。然而，从1983年开始，所有的出口型号都采用了AL−21F−3涡轮喷气式发动机，直到Su−22UM−3K机型（如图所示为一架波兰样机，在后机身装有电子对抗分配器）。

Su–17M–4 (S–54) "Fitter–K" 和Su–22M–4 (S–54K) "Fitter–K"

最终定型的单座式"Fitter"为Su–17M–4，相应的出口型为Su–22M–4。"Fitter–K"搭载有综合导航和武器系统，减轻了飞行员的工作压力，并且增强了战术作战能力。该系统包括了由电脑、激光测距仪、雷达以及TV显示器组成的瞄准系统。然而，此系统在改善了该机型性能的同时，也导致了载油量的降低，主要是因为新的航电系统设备占用了原来用于盛放燃油的空间。M–4机型与M–3机型明显不同的是在背部整流罩有一个新的进气道。Su–17M–4的生产工作于1980年开始，之后该机型（同Su–17UM–3机型一起）于1987年根据苏联在阿富汗的作战经验进行了升级。Su–17M–4与Su–22M–4机型（于1984年开始连续生产）均采用了AL–21F–3发动机。

下图：这架Su–17M–4隶属于20 Aviatsionnaya Polk Istrebeitelei–Bombardirovchikov（第20战斗轰炸机团20thFighter–Bomber Regiment），驻扎在原东德地区的Gross–D lln（Templin）。"27 Yellow"在机翼下装备有UB–32–57 57毫米（2.25英寸）口径火箭发射器以及R–60自我防卫导弹，在机身下装备有Kh–25MP（AS–12"Kegler"）反雷达导弹。

本页图：只有少量的Su-24用于出口，批量生产的Su-24被装备到前苏联空军（VVS）。20世纪90年代苏联解体时，Su-24飞行编队主要被分到俄罗斯和乌克兰。乌克兰的飞行编队包括了Su-24MP"击剑手-F（击剑者-F）"电子对抗平台机型。

苏霍伊设计局Su-24 "击剑者"（Fencer）

Sukhoi Su-24 "Fencer"

苏霍伊设计局的 "手提箱"
Sukhoi's "suitcase"

Su-24在设计时是为了使前苏联拥有像美国的F-111战斗机那样性能的机型。Su-24在提供了强有力的性能的同时，还具备了远航程的有效载荷。即使在服役了20年之后，"击剑者"仍然是俄罗斯空军至关重要的组成部分。

20世纪50年代，苏联空军的战术武装部队——前线航空兵（FrontovayaAviahtsiya，或FrontalAviation）接收了其首架苏霍伊设计局Su-7B "Fitter-A"近程战斗轰炸机。老旧的伊留申设计局Il-28远程轰炸机一直没有替代机型产生，直到下一个十年早期Yakovlev雅克-28 "酿酒人"（Yak-28 "Brewer"）机型的出现。Yak-8的性能表现让人失望，主要是因为其航程较短，作战载荷较小，机关炮的火力受到限制，炸弹投放准确度低。

到20世纪60年代中期，促使苏联发

本页图：从上面来看，T6-1很明显地沿用了Su-15TM"Flagon"的气动外形。在机身中安装了4台RD36-35升力发动机，其进气道位于机身上部。图中比较难以看到的通道是用来作为垂直发动机的进气道。

展相关机型的两个重要的因素显现出来。第一个是美国海军相应设计型号的杰出性能，例如通用动力公司（General Dynamics）的F-111"Aardvark"，于1964年开始飞行研发计划。这些飞机性能强于当时苏联的任何飞机，可以携带多种武器，可能最重要的优势是装备了先进的航电系统。

第二个因素是地对空导弹的快速发展：具备自动跟踪目标能力的导弹可以摧毁当时任何在攻击海拔高度内飞行的前苏联飞机。因此必须发展一种可以不在雷达侦测高度下飞行的飞机，并且可以在该高度摧毁目标。为了应对这种挑战，米格公司和苏霍伊公司开始研发新式的飞机。米格公司的设计工作最终形成了米格-27（Flogger-D）机型。苏霍伊公司已经开始了Su-17机型的研发工作，但是决定继续开发一款具备更大航程的封锁轰炸机。他

下图：首个变后掠翼机型为T6-2I。如图所示飞机正在进行武器测试，在机头下部装备有瞄准系统/防御天线群，在驾驶舱玻璃前方安装有红外传感器。该机型于1960年1月17日进行首飞，立刻表现出杰出的性能。

上图：Su-24飞机驻扎在欧洲，例如这些驻扎在波兰Osla的"击剑者-B"（图中后方）以及"击剑者-C"（图中前方）飞机，象征着苏联在欧洲的军事力量。尽管位于同西方国家的边界较远的区域，但是一旦在中欧地区爆发战争，这些飞机可以马上抵达战场。

们的目标是赶超F-111战斗机的性能，但是变后掠翼飞机的概念开始时并没有被采用，而是选用了一款固定翼飞机的设计。设计出来的S-6飞机采用双座纵列式驾驶舱，两边分别安装一个发动机。但是实际的测试证明S-6飞机没有达到其设计目

的，因此被放弃。新的设计被称为T-6，并开始相关研发工作。该机型采用双三角翼布局，同Su-15TM的布局方式类似，另外还采用了并排式座椅以及两个Tumanskii R-27F2-300涡轮喷气式发动机。该飞机设计时可以携带多种空对空以及空对地武器。但是在测试时，空军更改了对新式飞机的要求，当时的T6-1布局是无法满足要求的。因此设计人员的注意力又一次来到了变后掠翼概念上。所有对变后掠翼飞机性能的担忧随着1967年F-111

飞机在巴黎航展上的出色表现而快速打消。机翼被安装在旧的机身上，新的飞机T6-2I诞生了。首飞工作在1970年1月17日完成。

T6-2I飞机的武器装备通过6个挂载点进行携带，除了在机身右舷一侧安装了内埋式的Gryazev/Shipunov GSh-6-23机关炮。

T6-2I的测试飞行从1970年持续到1976年，一共在此期间进行了大约300次飞行。1971年是试飞活动最频繁的一年，一共进行了73次飞行。开始的时候T6-2I主要进行了性能和稳定性测试，尤其是检验其在不同后掠角情况下的可操纵性。随后，在不同的飞行高度下进行了严格的自动驾驶飞行测试，这在持续飞行时对于缓解飞行员的疲劳是必需的。

在1970年年底，第二架变后掠翼原型机T6-3I，加入到T6-2I的性能测试计划中。1971年，T6-3I同T6-2I的测试飞行一起，共进行了90次飞行，这使得试飞团队的飞行计划非常繁重。T6-3I也在1976年完成了其飞行测试计划，最后一年主要用于测试其在多种没有铺设地面的跑道上的起飞着陆能力。同T6-2I一样，T6-3I也进行了大约300次飞行测试。

试飞员Vladimir Ilyushin进行了T6-3I的首飞任务，并在1971年首飞了第三架变后掠原型机T6-4I。不幸的是，T6-4I在1973年坠毁，只进行了120次飞行测试。

苏霍伊设计局 Su-24

前苏联空军对该机型的设计非常自信，尤其是同服役中的Yak-28相比性能出众，因此没有等到测试计划完成苏联空军就订购了T6-2I机型，并命名为Su-24。Su-24飞机连续生产的准备工作在新西伯利亚（Novosibirsk）的第153飞机制造厂开始。1971年12月，首架生产型Su-24，第7架变后掠翼飞机由工厂的试飞员Vladimir Vylomov驾驶首飞。该飞机的生产编号为0115301，这是第153飞机制造厂制造的第一批Su-24飞机中的第一架。

Su-24在早期的生产过程中不断改进，这主要是因为匆忙投入服役而出现的问题导致的经验教训被不断地反馈到OKB（Opytno Konstruktorskoye Byuro）和设计局。许多进行了改装，具备了后期出现的特征。在第8批生产机型开始生产时解决了VVS对增大航程的要求，第一油箱的载油量增加到220加仑（1000升）。从第15批生产型开始，后机身进行了重新设计，以减小阻力。

进入服役

当1974年美国海军将领摩尔（Admiral Moorer）带回苏霍伊Su-24飞机进入VVS服役的消息时，西方国家对该款飞机的了解很少，甚至连名字都被误称为"Su-19"，这个错误直到1981年才被改正过来。在进入前线航空兵团（Frontal Aviation）服役之后，Su-24被证实在维护和使用过程中的要求太高。考虑到其结构的复杂性，这种情况的出现也在意料之中。该兵团在之前也服役过像Yak-28以及米格-27一样类似的机型。另外一个让人头疼的问题是由VVS首次使用机载电脑来控制系统的经历所引起的。

让人满意的方面之一是该飞机承受鸟类撞击的能力：一只大鹰以及另外17只麻雀并没有导致严重的危害——至少对飞机没有。尽管遇到了这些困难，并且毫无疑问地记得之前所驾驶机型的特点，机组成员们还是很喜欢Su-24飞机，考虑到其机身板状的外形，将其称赞为手提箱（Chemodahn）。他们称赞该飞机拥有良好的视野、布置合理的驾驶舱甚至自动飞行系统，特别是在低等级操作当中。飞行操纵相当简单，尽管如此，Su-24在某些环境下并不讨好。

下图：尽管大部分Su-24机型装备到苏联空军，其中一个团在1989年被转移到海军航空兵以协助支持波罗的海编队。第132MShAD目前仍在使用Su-24M，其中的训练任务由位于Ostrov的第240 GvSAP进行。

"击剑者"的现状
"Fencer" today

早期的"击剑者"型号的不足促使了M型号的诞生，提高了武器装备能力。从该型号衍生出来的专门用来侦查和电子对抗的机型25年之后仍然是俄罗斯空军不可或缺的组成部分。

Su-24的生产工作在新西伯利亚进行，同时不断进行着改进工作。生产批次里面个体的认证工作随着对先前机型的不断修改而完成。这些变化并没使得Su-24更改编号，直到1978年，在工厂的生产线上进行了主要的改型之后将其编号改为Su-24M（modifitseerovannyy的意思是改型）。

主要的改进工作是在航电系统方面，最基本的是安装了现在被称为PNS-24M TigrNS的新式武器控制系统。为了适应升级后的设备，前机身被加长了29.9英寸（76厘米），仍然保留了机头雷达。

一个并不明显、但是非常重要的升级是用Kayra-24M（Grebe）白天/夜间激光瞄准器替代了原来的电子瞄准系统。该设备可以使得飞机能够携带激光或者TV制导的导弹，例如Kh-25ML、Kh-29L以及Kh-29T，省掉了原来是必需的外置瞄准设备。

现在不仅武器种类的选择增多了，武器的携带量通过增加到9个挂载点以后也得到了提升。这些升级改动使得Su-24M可以从大量强力武器中进行选择。另外被称为Karpaty的新式防卫系统也引入到Su-24M机型中，包括安装在机身背部中

上图：除了R-60空对空导弹之外，Su-24MR缺乏其他的自我防卫武器，却是一款相当高效的侦查飞机。具备多种侦查系统，与地面站点进行数据传输，保证了信息传递的速度。

央的小型半球状的Mak（Poppy）红外线传感设备。

增加了空中加油设备之后，Su-24M的作战能力得到了大幅提升。

苏霍伊 Su-24MK

许多年来，Su-24机型只生产装备前苏联空军，但是到了20世纪80年代，Su-24获得了出口许可，可以向阿拉伯国家进行出口。20世纪80年代末，苏霍伊设计局为新开放的充满利润潜力的国际市场设计了Su-24M的出口版本。该型号为专门设计的机型，代号为Su-24MK（Kommercheskiy的意思为商业的，即出口型号），也被称为izdeliye 44M。在Su-24M型号和Su-24MK型号之间的区别很小，主要的区别在于航电系统方面，特别是IFF（Identification Friend or Foe）敌我识别系统设备和武器选项。例如，Su-24MK可以携带更多的炸弹——38枚FAB-100炸弹，4枚空对空导弹；而Su-24M机型相应的只有34枚以及2枚。另外一款被称为TsVM-24的计算机也被引入到Su-24MK机型上。任何想要购买该机型的国家毫无疑问都有自己的特殊要求。

Su-24MK的出口销量并不理想，但是从事后来看这也并不出人意料，许多潜在的客户可能更加关注Su-30MK或者等着研发中的Su-34，而不是购买一款30年前的设计机型，尽管进行了很多升级。然而，叙利亚和伊朗可能会购买更多的Su-24MK。目前的销量为：向伊拉克出口24架，向利比亚出口15架，向叙利亚出口12架，向伊朗出口9架。另外据称阿尔及利亚也购买了10架。

苏霍伊 Su-24MR

到20世纪70年到中期，当时在VVS服役的侦察战斗机已经无法满足要求。主要受困于航程较短以及设备过时等问题。苏霍伊设计局改进了两款机型：T6M-26以及T6M-34，分别编号为T6MR-26以及T-6MR-34（R代表Razvedchik，拉兹维奇

克，指侦察飞机）。该机型在VVS中被称为Su-24MR，在设计局中被称为T6MR，在工厂中被称为izdeliye 48。1980年9月进行了首飞。

Su-24MR移除了大部分的对地攻击武器，但是基本的结构以及布置没有改动。增加了较大的SLAR（侧视机载雷达）壁板以及两个较小的绝缘壁板来补充机头雷达天线罩。这些设备保护了雷达，安装在机头的两侧。移除了3个机身

下图："击剑者"的未来与其使用方的经济实力密切相关。乌克兰不打算继续购买军事设备，然而，叙利亚、利比亚以及伊朗都继续使用他们所装备的"击剑者"，并且有兴趣继续购买。

上图：一架乌克兰的"击剑者"机组成员登上Su-24M进行训练飞行。该机器坚固的起落架设计用来在不同的未准备好的跑道上进行起飞降落，但是在实际的操作中Su-24很少在常规跑道之外的地方起飞降落。

下部的挂载点并去掉了内置的雷达罩。莫斯科仪器工程学院研发了综合性的侦查设备，被称为BKP-1 Shtyk（BKP代表bortovoykompleksrazvedki，意思是机载侦查套装；Shtyk意思是刺刀），据称是当时世界上最先进的。该设备无论白天黑夜都可以进行视觉和电子侦查，在各种天气条件下均可有效发挥作用。其组成部分包括一套温度成像设备、一台数码照相机、一台装有3.6英寸（90.5毫米）直径f3.5镜头的全景照相机。该设备具有一台Shtyk MR-1合成纤维光圈侧视雷达、辐射监控

器、无线电监控吊舱以及在海拔1315英尺（400米）可以提供10英寸（0.25米）分辨率的激光探测吊舱。激光器可以扫描四倍于飞机飞行高度的区域，并能够获得几乎达到照片质量的图像。

苏霍伊 Su-24MP

Su-24MP（izdeliye 46）电子对抗（ECM）机型的设计工作开始于1976年。原型机的生产工作是针对两架Su-24M机身所进行的改装，T6M-25以及T6M-35，后来分别重命名为T6MP-25以及T6MP-35；其圆形机头说明是一款电子对抗平台机型。Su-24MP的首飞工作于1979年12月进行。

关于该机型的技术信息公布的相对较少，但是已知的是装备了复杂精细的系统网络，可以进行探测、定位、分析、识别、分类、存储工作，如果需要的话还可以对任何已知的电磁辐射目标进行干扰。另外还可以携带最多4枚R-60或者R-60M空对空导弹，但是没有携带空对地导弹。保留了内置机关炮。据称一共只生产制造了大约20架该机型，其主要任务包括电子侦察、情报收集、引导战斗机攻击目标、

干扰敌方雷达。

"击剑者"

当Su-24机型进入VVS服役的消息曝光时，西方国家对该机型知之甚少。西方国家Su-19的错误名称一直使用到1981年，对该机型的尺寸和展长估计也相当不准确。当Su-24于1979年开始在东德驻扎时才收集到一些有用的信息，但是一直到了1987年，评论员们对飞机所使用的发动机类型还有分歧。

对于前苏联"击剑者"的使用单位来说，新的战斗机比之前的米格-27以及Yak-28维护要求要高得多。先进的航电设备和新式系统从出厂时就存在缺陷，但是尽管如此，考虑到之前服役机型所存在的各种问题，机组成员还是很喜欢Su-24，并由其机身板状的外形而亲切地称其为"手提箱"（Chemodahn）。

"击剑者"于1984年的阿富汗战争首次执行军事作战任务。精确轰炸能力和武器搭载能力使得该机型成为前苏联军队在战场中重要的组成部分。"击剑者"驻扎在前苏联南部边界的中亚以及突厥斯坦防御地区的空军基地，在对静止目标的攻击上有很大的优势，例如地面堡垒等防御工事。Su-24机型的作战出击架次并不多，主要是因为地面部队更需要像Su-25这样可以进行近距离支援的机型，而不是地毯式轰炸机型"击剑者"。Su-24并没有被地面火力击中坠毁过，但是由于维护事故而损失过几架。

下图：来自俄罗斯的消息声称，在伊朗获得了24架原伊拉克的Su-24MK之后，又交付了9架Su-24MK。来自伊朗的相反的消息表明，伊朗从俄罗斯购买了14架Su-24MK，而从伊拉克获得了16~18架。

本页图：一架后掠角位于最大角度情况下的Su-24M在驾驶舱后部的背部机身上装有一个小的半球形的Mak红外探测器，可伸缩的加油管位于驾驶舱挡风玻璃前方。

上图：乌克兰空军拥有大约180架"击剑者"，主要分为两大部分。第32 BAD装备了"击剑者-B/C"，而第289 BAD装备了Su-24M "击剑者-D"（图中所示）。两方都有少量的侦察型Su-24MR服役。

从首架"击剑者"升空到现在已经超过30年，从进入前苏联空军服役到现在也已经有25年的时间。尽管进行了很多升级改造，该机型无法适应现代发展的潮流，缺乏"鬼鬼祟祟"的一面。因此，尽管仍具备强大的作战能力，该机型也毫无疑问要被取代，尤其是在其西方竞争对手的

F-111机型已经退役的情况下。Su-24M的替代机型是另一款苏霍伊设计局的产品Su-34，也被称作Su-32FN，一款Su-27的并排式座椅衍生机型。在财政条件允许的情况下，该机型也要取代现有的Su-17以及米格-27机型。然而，Su-24M以及Su-24MR还需要服役大约十年的时间。

本页图：同其单座攻击式机型不同的是，Su-25UTG主要用来培训前苏联的飞行员进行基本的舰载操作，但是并没有在合适的情况下进行。

苏霍伊 Su-25 "蛙足"（Frogfoot）
Sukhoi Su-25 "Frogfoot"

简介
Introduction

Su-25的生产数量虽然较少，只装备了少量的前线航空兵部队，却是一款高效大众化的近空支援战斗机，在阿富汗地区大量多次执行任务。最近几年，一系列新的改型相继出现，但是很少进行大规模的连续生产。

前苏联空军（VVS USSR）是专门对地攻击战斗机机型研发和使用的先驱者，其目的是用来支援战场上的地面部队。在第二次世界大战结束之后，装备了著名的Il-2Stormovik机型及其继任者Il-10机型的部队解散，需要进行新的设计。苏联

在20世纪50年代和60年代对战斗机的要求是，战斗轰炸机在投放常规武器之外还可以投放战略核武器。基于该理念的典型机型是Su-7"Fitter"以及其改型，另外还包括米格-15、米格-17战斗轰炸机型号。这些机型装备到专门用来进行战

上图：10架Su-25UTG中的一架在Admiral Kuznetsov航空母舰上着陆时挂上拦阻索然后停下。在苏联解体之后，其中的5架被送到乌克兰。

场地面支援的部队单位。在20世纪60年代初，关于对一款新式对地攻击战斗机需求的项目讨论开始展开。这些讨论背后的深层次原因包括东南亚地区以及其他局部地区冲突的出现，华约组织缔约国1967年的演习，对美国空军新式A-X战斗机项目的分析（该项目的结果是A-10"雷电术Thunderbolt"的发展），以及对战斗机防御能力和生存能力的需求。陆军总司令I. P.Pavlovskiy上将，是这些讨论的带头人，他试图说服最高领袖新式对地攻击飞机的必要性。航空工业部于1969年8月提出了LSSh "Stormovik"官方提案，四家厂商——米高扬（Mikoyan）、Yakovlev、伊留申（Ilyushin）和苏霍伊设计局（Sukhoi OKB）——参与到竞争中。

后者的设计师团队提交了T8方案，这是一个私人的探险尝试。其设计方案并没有遵从当时的想法，例如相应的米格-23/27"Flogger"战斗机。然而，这个设计方案被证明是成功的，足以赢得竞争，尽管在装备前线部队之前还需要进行持续的研发改进工作。苏霍伊坚持要在战争条件下测试其新型飞机，因此两架T8原型机参与了Romb-1行动，主要包括1980年4月、8月在阿富汗地区进行的机关炮和武器测试。环境适应测试由早期的T8原型机组中的另一架在土库曼斯坦的Mary空军基地进行。在最后的测试工作结束之后，以Su-25命名的生产交付协议于1981年8月达成。这款新式飞机在1977年由美国的卫星首次发现，因此航空局通讯中心

（ASCC）将其称为"Frogfoot"。

奇妙的设计

西方国家的许多人都很迷惑为什么苏霍伊设计局采用了耗油的涡轮喷气式发动

下图：在进行了重新喷涂并完全复原之后，一架早期的研发机型T8停放在一个前苏联的空军基地中。早期型号需要注意的是更加细小的机头形状和更小的进气道。在研发过程中，至少两架T8坠毁，其中一架的测试飞行员Y.A.Yegerov不幸遇难。

上图：双座式的Su-25UB "Frogfoots" 保留了单座式的Su-25的全部作战能力。乌克兰目前拥有大约60架Su-25，包括5架双座式样机，在Saki的第229 ShAP海军部队服役。

机而不是经济划算的涡轮风扇喷气式发动机，但是设计者声称Tumanskii R-95发动机提供的大推力可以保证在低空情况下的机动性。同时还有一个原因是该计划是一次私人的冒险，设计研发一款新式的发动机会导致项目成本的大幅攀升。

设计时的经济性和简易性是最主要的目标，因此尽可能使用现役的飞机上已经有的设备。操纵性是第二目标。第三目标是能够在准备不充分的跑道上满载起飞，

这些跑道的维护保养设施有限。最后，"蛙足"（Frogfoot）要能够从作战损伤中存活下来。为了满足要求，飞行员坐在一个1英寸（2.5厘米）厚钛合金座舱内，由防弹玻璃保护着。该飞机的生命维持系统由装甲保护，油箱装满了网状的泡沫，并被惰性气体所包围，这样可以尽量地减小爆炸的可能性。

Su-25很快在第比利斯（Tbilisi）的生产线出厂，VVS立刻将这款更加先进、性能更加优良的飞机送往阿富汗，最终装备到巴格兰（喀布尔以北）的第200独立警卫轰炸机兵团（200th Guards Independent Fighter Bomber Regiment）。在战争中，共

有23架Su-25坠毁，大部分是由巴基斯坦的F-16战斗机所击毁。尽管有一定的损失，"Frogfoot"还是取得了一系列让人尊敬的战场纪录，然而许多Su-25回到基地时，机身上都有美国提供的Redeye肩扛发射式地对空导弹所造成的伤害。

战后服役情况

尽管有一系列的成绩，但是Su-25只得到了有限的出口销量。首个客户是捷克，1984年交付了36架样机。随后保加利亚在1985年订购了36架。第一个不是华约组织的客户是伊拉克，订购了30架，尽管有些消息称实际上是84架。这些飞机在海湾战争时非常活跃，但是其表现却差强人意，有30架在机库中被同盟军击中甚至摧毁。1987—1989年间，34架样机被交付到朝鲜空军，但是不清楚目前还有多少扔在服役当中。唯一的非洲客户是安哥拉，在1988—1989年间交付了14架样机，这些飞机在当地的多次战争当中大量使用。许多

下图："Blue 09"装备了修改后的驾驶舱舱盖，是第二架Su-25T，用来提高"Frogfoot"的地面攻击能力。到目前为止该型号还没有收到订单。

安哥拉的飞机被肩扛发射式的防空导弹所击毁，对"Frogfoot"的飞行员造成了很大的潜在威胁。

未来的"Frogfoots"

在引入了单座式Su-25K"Frogfoot-A"以及其串联双座式衍生教练机型Su-25UB（UBK"Frogfoot-B"）之后，苏霍伊设计局又提出了大量基于基础型号的相关改型。第一个版本是Su-25BM，采用了"Frogfoot-A"的基本机身框架。该型号是一款靶机拖拽机，在机身上装备了"Kometa"（彗星）吊舱。尽管该型号设计非常成功，但是VVS只购买了50架，同"A"型号的相似性使得这款特殊用途战斗机常被当做一般的战斗机执行常规攻击任务。随着三艘俄罗斯航空母舰的发展，苏霍伊设计局研发了Su-25UTG/UBP机型。该机型采用了教练机型号的双座式机身，并装备了着陆拦阻设备，用来进行舰

右图：为了呼应航空局宇航中心（ASCC）起的"Frogfoot"的绰号，一架捷克的Su-25K在西方航展上以精心设计的涂装首次出现在大众面前。在尾翼上喷涂的设计是一只硕大的青蛙在摧毁一辆坦克，尽管观察者十分确定地指出画中的坦克是一辆俄罗斯在第二次世界大战时期的T-34坦克。

载测试的10架样机使用滑跃式起飞方式起飞。其中一架在一次事故中坠毁，剩下的飞机在航空母舰计划取消之后作为陆基教练机使用。

到目前为止，性能最佳的型号是仍在研发中的Su-25T，采用了Su-25的机身，虽然使用了双座式机身但是采用针对一个

飞行员的布局。后面的空间用于安装额外的航电设备，机头安装了升级后的Shkval航电系统，并安装了一个大的机身机关炮。最大的改进升级是在驾驶舱，装备了多功能显示器（MFD）。Su-25T因此可以发射最新的空对地武器，例如Kh-35以及Kh-58制导导弹。另一个更加先进的型号是Su-25TM（Su-39），已经有8架交付到环境适应测试当中。保加利亚和斯洛伐克有兴趣购买这款机型。

尽管苏霍伊设计局还研发了其他像Su-27这样出色的机型，700或者"A"机型仍然是在下一个世纪非常有潜力的战斗机型。

发展情况
Development

苏霍伊Su-25"Frogfoot"将经过验证的系统融入全副武装的机身框架中去。开始时Su-25只是研发用于执行白天的战场攻击任务，但是最新的Su-25改型可以在各种天气气候条件下24小时执行任务。

"Frogfoot"的研发过程可以上溯到20世纪60年代末，在极感兴趣地观察了美国空军的AX计划（该计划的结果促成了A-10 Thunderbolt II的发展）之后，USSR重新审核了自己的战斗轰炸机计划。让每个人都感到吃惊的是，老式的米格-17以及米格-15战斗机比更快但是机动性不足的米格-21和Su-17战斗机更加高效。除此之外，在六天战争中，

左图：在对对地攻击战斗机的研发过程中，苏霍伊设计局和伊留申设计局都提出了自己的设计方案。苏霍伊设计局获胜的设计方案采用了相当传统的布局形式，两个发动机分开的距离很大，这样一次AAA攻击并不会同时使两个发动机失效。

装备了30毫米口径机关炮的以色列战斗机（包括老式的Ouragans以及Mystère战斗机）对地面目标（包括坦克）的强大而有效的攻击使得苏联军方的司令官I. P. Pavlovskii上将要求研发一款新式的对地攻击飞机。

苏霍伊设计局的"Shturmovik"方案由一组资历很高的设计人员提出，包括Oleg Samolovich，D. N. Gorbachev，，Y .V.Ivashetchkin，，V. M. Lebedyev以及A. Monachev。他们的方案是基于空军学院的I. V. Savchenko的设计布局提出的。这个

被称为SPB计划的飞机设计方案计划采用一对3865磅（17.2千牛）推力的Ivchenko/Lotarev AI-25T发动机。据估计，该机型的最大飞行速度在310～500英里/小时（500～800千米/小时）之间，航程大约为465英里（750千米）。苏霍伊设计局强调了"更近，更低，更安静"的关键词，

下图：两支VVS的Su-25编队驻扎在东德，作为第16空军兵团（前苏联在德国的驻军）的一部分。驻扎的"Frogfoot"的数量少的有点让人吃惊。但是毫无疑问的是，一旦爆发战争，编队飞机的数量将会大幅增加。

本页图："Frogfoot"最新的型号为Su-25TM（Su-39）。TM机型采用了Su-25UB机型的双座式机身结构，但是省掉了后部座椅，用于安装额外的航电系统，这样就可以在各种天气条件下执行任务。虽然比Su-25"Frogfoot-A"机型性能要优秀得多，但是只有少数TM机型进入俄罗斯军队服役。

上图：两个发动机中间位置的是钛合金的骨架，是用来防止一旦一个发动机遭到攻击而烧到另外一侧的发动机。

而不是当时VVS强调的"更高，更快，更远"的口号。计划目标是设计出一款具备较高战场损伤存活率和耐受力、成本较低生产简便易于操纵和维护的飞机，并且拥有无与伦比的性能表现和超低空下的灵活性，可以在390英尺（120米）的跑道上满载起飞。

官方要求

苏霍伊设计局在1969年8月接到了官方声明，一份对于"Shturmovik"机型的官方要求文件在那时候发布。Mikhail

Simonov被任命为设计小组的领导，苏霍伊的设计机型也被改称为T8。T8的实物模型被送到莫斯科附近的Khodinka。尽管官方对于样机的订购还没有发布，两架原型机（T8-1和T8-2）事实上已经开始了生产制造，苏霍伊设计局在1972年6月6日授权开始生产。官方对于两架原型机（外加T8-0，用于进行静力测试的机体）的订购要求最终于1974年5月6日下达。T8-1于1975年12月25日进行了首次的高速地面滑行测试。然而，在首飞前两天（计划于1975年2月22日进行），一个RD-9发动机遭遇了涡轮失效情况，导致了很大的损伤。这个事件，加上许多其他的因素使得做出了重新制造一架全新的机体的决定。在闲置了两年之后，修改后的设计方案于1978年4月26日曝光。被命名为T8-D的飞机是同最终的Su-25飞机相似的第一架验证机，采用了大展舷比机翼和更高的尾翼。

在此之前，1976年3月，采用了R95Sh发动机的机体称为T8-2D。Su-17M-2的导航和攻击设备被Su-17M-3的所取代。这些设备之后被安装到T8-3机体以及后面的发展机体上，一共有15架，包括了双座式机型。

在研发过程当中，至少有两架T8机型在阿富汗进行了作战测试，并取得了非常卓越的作战纪录。Su-25的首架生产型于1981年4月在格鲁吉亚的第比利斯（Tbilisi）下线。尽管Su-25具有强大的武器火力以及优良的操作性能，但是出口情况并不乐观，只有很少的华沙条约组织（Warsaw Pact）的成员国购买了该机型。然而，俄罗斯空军却对Su-25的性能印象深刻，并继续对"Frogfoot"进行持续的研发改进工作。

下图：除了在机翼外侧下面的挂载点，安装在Su-25机翼下所有的挂载点都采用了可以搭载较大重量的通用类型。两侧中间的挂架接有电线，可以携带电子对抗干扰吊舱。改装后的挂架可以搭载空对空导弹。

乌鸦标志

在阿富汗首次出现乌鸦标志，在前苏联服役时Su-25也采用该标志。这个卡通形象的原型并不明确，但是这个标志很快就在几乎所有驻扎在阿富汗的前苏联飞机中流行起来。

Su-25 "Frogfoot"

这架"Frogfoot"，编号"红色29"，是20世纪80年代末（图中所示喷涂是1988年所采用的喷涂）驻扎在阿富汗巴格兰的"Frogfoot"之一。这段时间是苏联在阿富汗的军事行动达到最高峰的时候，这可以从VVS作战飞机侵入巴基斯坦边界的次数看出来。

装甲驾驶舱

Su-25的飞行员乘坐在K-36L弹射座椅上，周围焊接了0.94英寸（24毫米）厚的钛合金，上面是覆盖装甲的舱盖，向右侧打开。在舱盖上方有一个小镜子，用于补充明显缺乏的后视能力。舱盖的透明度是曲型的，与前面的加强板是分开的。

起落架

Su-25机头下部的起落架机轮向左偏移，并装备了挡泥板，防止杂物被吸到发动机当中。主起落架采用了杠杆式悬置支架、气动油压减震器以及低压轮胎，来提高在恶劣场地中的表现。

翼尖减速板

早期生产的Su-25采用直接的两段式蛤状减速板。之后进行了改装，增加了两个小的"花瓣"，最终增大为四段式错列铰接的形式。

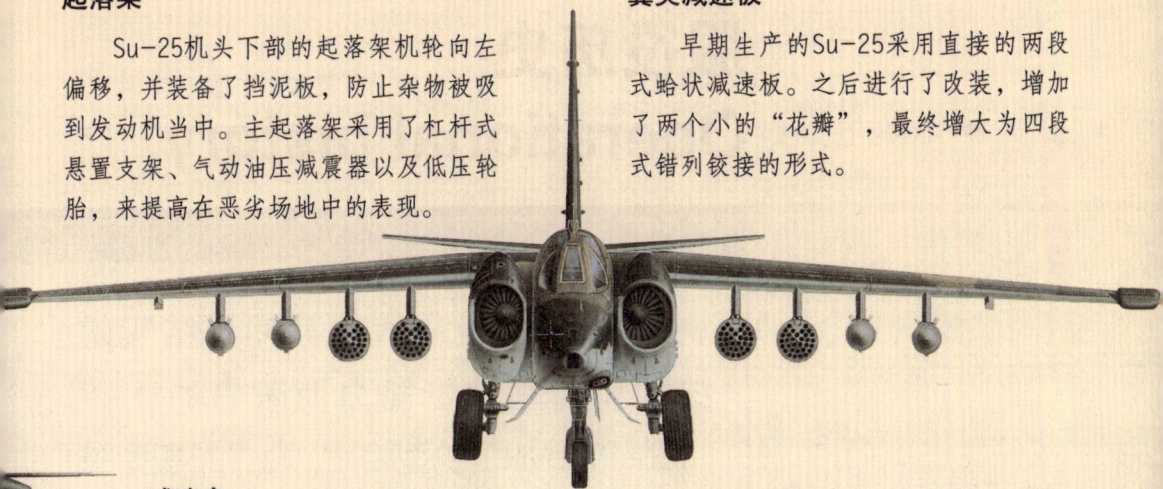

减速伞

所有的Su-25机型（除了海军型号Su-25UTG）都装备有一对减速伞，安装在延伸的尾部整流罩中，藏在匀整的上反角下。减速伞采用十字形的PTK-25类型，每一个的面积为270平方英尺（25平方米），在降落时打开，采用弹簧或者小的拖靶。

作战载荷

图中所示飞机携带有4枚FAB-250-270 250千克（551磅）重的炸弹，以及4个UV-32M火箭弹发射器。FAB（空投破坏炸弹）系列的炸弹从20世纪50年代开始生产，是一款设计简单、阻力较大的炸弹，装填了破坏性高的炸药。Su-25最多可以携带8枚FAB-250炸弹——机翼翼尖的挂架无法承受炸弹的重量，通常只装备火箭弹。

服役历史
Operational history

与第二次世界大战期间因结实的结构和对地攻击能力而著名的Il-2 "Shturmovik" 机型相比，Su-25机型被证明为一款性能优良的军用飞机，在从阿富汗到安哥拉等多个地区的表现良好。

1979年12月，苏联军队进入阿富汗，压制穆斯林宗教主义分子并向伊朗和巴基斯坦传达警告信号。这是测试进入俄军服役的新式武器的大好机会。

1980年3月初，军方决定将部分T-8（后来重命名为Su-25）机型的研发测试在尽可能同战场状况相似的情况下进行。"Frogfoot"的T-8-1D以及T-8-3研发样机以及Yak-38"Forger"垂直起降（VTOL）攻击机在代号为"Romb-1"的行动中进行测试。"Romb"小组的目的并不

左图：前苏联的Su-25机型在设计时可以承受小型火力、机关炮甚至萨姆防空导弹的攻击，因此凭借其存活性而获得了让人羡慕的声誉。在阿富汗，Su-25比其他前苏联战场中的喷气式高速飞机的损失率都要低。

是参与到作战任务中，而是进行环境适应性测试。然而飞行员们却被告诫，如果需要的话，军方司令部也会寻求他们的支援。

行动小组的基地位于阿富汗西部的辛丹德（Shindand）。相关测试飞机于1980年4月16日开始一直驻扎了50天，直到6月5日。测试飞机主要飞往离辛丹德大约5英里（9公里）的阿富汗坦克训练基地，进行武器投放技术的练习改进。在测试工作的第二周，测试飞机被陆军命令前往摧毁极难攻击到的目标，例如在深谷斜坡中的

上图：为了应对mujadehddin的萨姆防空导弹，尤其是FIM-82A"斯汀杰"（Stinger）导弹的威胁，通过在发动机吊舱上部增加了4个发射器之后，Su-25的干扰弹数量从128发增加到256发。

掩体。在行动过程中并没有遭到来自地面的抵抗，但是随着战争的扩大，飞行测试工作不得不终止，来组建Su-25作战编队。

战场中的"Frogfoot"

首个装备Su-25机型的前线作战单位

本页图：Su-25看上去显得笨拙别扭，却成为阿富汗一道既常见又令人生畏的风景。图中所示飞机携带有一对副油箱，四枚火力强大的S-24非制导火箭弹。

上图：Su-25可以在10个翼下挂载点上携带大量物品。在阿富汗，最常见的配置就是在外侧基座上挂载两枚或四枚S-24 240毫米口径火箭弹，在内侧基座上挂载小型炸弹。

是第200独立攻击空军飞行大队，于1981年2月4日在阿塞拜疆的Sital-chai机场组建成立。1981年4月，飞行大队装备了首批12架从第比利斯（Tbilisi）工厂出厂的生产型Su-25。6月18日晚上，Su-25编队离开驻扎机场飞往阿富汗的辛丹德。几天之后，这些飞机开始执行针对mujaheddi游击队员的作战任务。

很快飞行编队扩充到一个飞行团——第60独立攻击空军团。从此之后的几年，该团中三分之一的飞机轮流飞往阿富汗，其他的驻扎在Sital-chai。

在阿富汗进行的空战早期时，很少遭到来自mujaheddin游击队对空火炮的攻击。反抗者于1984年迎来转机，通过美国中央情报局（CIA）获得了大量手持式萨姆防空导弹，例如Strela以及Redeye。在使用的首个月中，6架"Frogfoot"坠毁。Su-25机型装备了闪光弹/干扰弹发射器，然而飞行员在激烈作战的过程中总是没法有效地使用它们。苏霍伊设计局的设计者们提出了几种解决办法并最终选择了一款自动发射设备，只要控制面板上的武器发射开关打开，都会发射闪光弹。

这个办法一直非常有效，直到1986年mujaheddin开始使用通用动力公司的FIM-82A Stinger防空导弹。三天之内有4架Su-25被击中坠毁，两名飞行员因此丧生。Stinger防空导弹在靠近发动机尾喷口的位置爆发，穿透后部油箱并引起失火，这会烧坏控制线路，甚至破坏到前部发动机。为了防止两个发动机在一次攻击中同时损坏或者损坏从一个发动机传到另外一个，在两个发动机之间增加了0.2英寸（5毫米）厚的保护板。保护板大约有5英尺（1.5米）长，起到了大型盾牌以及隔火墙的作用。安装了新式的惰性气体灭火装置，可以由飞行员激活。这些改进措施

是非常成功的，大幅降低了Su-25的损失率。尽管有不少Su-25被击中，但是所有装备了发动机保护板的都没有因为Stinger防空导弹而坠毁。一个典型的例子就是一架被巴基斯坦F-16战斗机发射的两枚响尾蛇导弹击中的Su-25飞机仍然能够艰难地飞回基地。

战场损失

23架Su-25在阿富汗地区的军事行动中坠毁，这些飞机大约占前苏联战所有

下图：许多伊拉克的Su-25战斗机在沙漠风暴行动中损失掉。至少有两架在空战中被击中坠毁，而许多其他的，如图中所示飞机，在地面上失事。

在战场上损失的固定翼飞机中的10%。

"Frogfoot"一共进行了60000架次飞行。Su-25的驾驶舱装甲被证实是非常成功的，Su-25的驾驶员没有因为被抛射弹片或者榴霰弹击中而死去的。数名Su-25的飞行员被授予了前苏联的最高荣誉，被称为前苏联的英雄。阿富汗战争并不是Su-25机型设计者唯一可以基于实际战争获得相关信息的战场。阿塞拜疆军方在1992年同亚美尼亚的战争中也使用了Su-25机型。除此之外，从1992年年底开始，格鲁吉亚在同阿布哈兹军队争取独立的战争中也使用了Su-25机型，他们自身也接受了来自俄罗斯军队包括Su-25机型在内的支持。

这场短暂但是血腥的冲突（持续到1993年年底）中最早的一次敌对行动是在1992年10月27日的一次交战，作战双方为两架格鲁吉亚的Su-25战机以及两架俄罗斯Su-25战斗机，当时这两架Su-25正在为一架运送人道主义救援物品的Mi-8直升机护航。并没有飞机被击毁。在之后的战争中，6架格鲁吉亚的Su-25战机被击毁，俄罗斯损失了1架Su-25，飞行员成功弹射，但被抓获后斩首。在阿布哈兹共和国分离出去之后，格鲁吉亚最后一架Su-25于1994年9月5日在同Zviadist部队作战时被击毁，该部队支持前总统谢瓦尔德纳译。

海湾战争及其他

在1988-1999年间交付到安哥拉的14架"Frogfoot"参与了同争取安哥拉彻底独立全国同盟部队的战争。这些飞机的作战能力由于燃油及补给不足而大打折扣，目前还有多少仍在服役当中并不明了。

伊拉克在1986-1987年间一共购买了

30～45架Su-25战机。在同伊朗漫长的战争中，Su-25只起到了很小的作用，主要进行炸弹及化学武器的投放任务。在沙漠风暴行动开始时，这些飞机很快被遣散，大部分藏在露天的伪装掩体中。

两架Su-25被记到Lt Robert W. "Gigs" Hehemann（一名美国空军第36战术飞行大队的飞行员）的荣誉簿上。1991年2月6日，这两架飞机在试图飞到伊朗同已经到达那的6架Su-25汇合时被他击毁。更多的机体在掩体中被摧毁。Su-25"Frogfoot"已经成为一款高性能的作战平台机型，具有令人印象深刻的作战记录。苏霍伊设计局因此继续研发更多更先进的"Frogfoot"改型，但还没有在实战中出现过。

下图：共计14架（包括两架双座式机型）Su-25在1988-1999年间交付到安哥拉。这些飞机在同争取安哥拉彻底独立全国同盟（UNITA）的战争中频繁出场。

上图：Su-27M（Su-35）机型作为一款Su-27的先进多用途衍生机型而进行研制。该机型参与了最近几年来所有的国际战斗机竞争，但是并没有取得成功。

苏霍伊 Su-27 "侧卫"（Flanker）
Sukhoi Su-27 "Flanker"

简介
Introduction

苏霍伊设计局的Su-27 "侧卫" 代表了俄罗斯航空工业皇冠上的珍珠。基本型毫无疑问是一款同等级别的远程截击机，而先进型的改型则是俄罗斯军用航空部队进入21世纪后的重要组成部分。

Su-27 "侧卫" 相当结实，并且具备充足的燃油容量，作战半径无出其右，在开始设计时是为了满足前苏联空军防卫部队IAPVO的要求。除了大航程之外，Su-27还装备了有效的多频谱传感设备，以及雷达、红外线和激光测距设备。在某些特定的环境下，Su-27可以在不使用雷达的情况下发现、定位并识别目标，这样就可以不被敌人的雷达警告接收器所发现。Su-27具备极强的 "作战持续能力"，装备了最多12个挂载点，可以搭载一系列复杂精巧的空对空导弹，包括最多8枚超视距R-27导弹。但是 "侧卫" 不仅仅是一款远程轰炸机型。

上图：Su-30MK采用升级后的雷达，已经发展成为一款多用途攻击战斗机。采用了一系列让人印象深刻的空对空以及空对地武器，包括精确制导导弹。Su-30MKI被出口到印度，在印度进行了改装，增加了鸭翼以及发动机推力矢量喷嘴。

航展上的观众吃惊地发现Su-27可以进行一些西方一线喷气式战斗机所无法复制的机动动作，这说明了Su-27机型在极端情况下出色安全的操纵特性。这使得Su-27飞行员在低速飞行状态下拥有无与

排列所有的目标。因此飞行员无法及时处理大量信息，要进行足够的环境观察必须依赖地面控制系统或者机载报警与控制系统（Airborne Warning and Control System）AWACS平台。类似的，驾驶舱至少比同时代的西方战斗机驾驶舱落后了一代，这样就增加了飞行员的工作载荷。Su-27出色的机动性大部分只有在低载荷情况下才能体现出来，当满载燃料和武器时，就制约了其性能。在很多方面，除了航程外，较小型的米格-29是一款更好的综合作战战斗机。

最初的设计缺陷

苏霍伊设计局在让Su-27进入服役的过程中克服了很多障碍。最初的T10设计机型缺点非常严重，因此在进行基本的飞行操作之前不得不从根本上进行重新设计。从此以后，苏霍伊设计局改良升级了该机型，以满足各种任务要求。苏霍伊设计局成功地避免了资金缩减所带来的最坏影响。因此，当其竞争对手潦倒不堪时，苏霍伊设计局仍然继续研发销售Su-27基本型的先进改型，例如Su-27M、Su-27IB、Su-30以及各种出口型号。这看上去可以保证俄罗斯空军更新机型时会基于

伦比的灵活性，并允许他们远离飞行方向进行武器瞄准急射。

像其他战斗机一样，Su-27也有自己的缺点。其雷达系统非常强大，但是机载计算机处理能力不足，系统无法一直自动

Su-27的各款改型。一旦被用于作为一款IA-PVO远距离空中防卫拦截机，Su-27以及其改型将很快统治前线航空兵和海军航空兵。如果米格-29的先进生产型号仍然在生产中，现在的政治环境也会成功地消灭掉Su-27的竞争对手。"侧卫"最终将成为俄罗斯空军未来战斗机的代表机型。这也标志着最初计划的最终实现，促成了Su-27机型的诞生，虽然最初时只是要求一款单纯的前线战术战斗机。

下图：同世界上许多空军一样，俄罗斯空军也选择在特技表演队中展示其最新武器装备。"俄罗斯骑士"（Russian Knights）飞行表演队已经采用Su-27机型进行了多次国际飞行表演。

上图：苏霍伊设计局在政治上的优势可以确保"侧卫"将来的发展。竞争对手声称（也有一些证据）当苏霍伊和一家不是苏霍伊的单位竞争俄罗斯政府的资金支持时，最后获胜的毫无疑问是苏霍伊设计局设计的机型，尽管有时候并不出众，或者对于并不满足特定的要求。其中的典型就是Su-27K（Su-33）海军改型，在竞争中击败了性能更加出众的米高扬设计局的米格-29K机型。

右图：基准的Su-27设计型号已经衍生出很多更加先进的机型，最根本性的改型是Su-27IB（OKB Su-34）远程攻击机型。该机型将Su-27的机身和新式的前机身融合起来，前机身上带有并列式座椅以及"鸭嘴"型机头。Su-27IB以及相关的海军信号Su-32FN取代了了远程航空编队的笨重的轰炸机，尽管还在前线航空团服役。

首架 "侧卫"
The first "Flankers"

Su-27的前身是出现很多问题的苏霍伊T-10机型，其发展过程漫长而艰难。

当Su-27的设计还在构想当中时，没有人能够预计其成功的机会有多大。事实上，Su-27早期的历史是灾难性的，有不少情况下废止整个计划都是有可能的。1969年间，苏霍伊设计局赢得了设计一款远程拦截机的合同，以取代在IA-PVO中服役的Tu-18 "Fiddler"、Su-15 "Flagon" 以及Yak-28P "Firebar" 机型，Su-27机型的设计概念随之被提出来。从设计初期开始就计划使这款苏霍伊的新式飞机拥有一定的正面突击能力，起到作为像Su-24 "击剑者" 这样的攻击机的远程护航战斗机的作用，并补充米高扬设计局的米格-29机型。

要求严格的任务

低空突破战术的重要性越来越大，这也预示着这款新式飞机要具备俯视攻击能力。除此之外，像巡航导弹这样的远距离武器的广泛使用，使得在很远的距离（最好在武器发射之前）之外就拦截下目标是非常必要的，并且能够拦截低空飞行的导弹。看上去好像这些要求还不够难，苏霍伊设计局又接到指示，新式战机要能够摧毁 "保护目标区域的敌方战斗机"，这也成为另一个指标，即新式战机能够在空战中战胜F-15战斗机。

首飞

设计局将首架原型机命名为T-10-1，于1977年5月20日在Zhukhovsky首飞。该机型采用了AL-21F-3发动机，Su-17机型也使用了同样的发动机，加力燃烧室的尾喷嘴像Su-24 "击剑者" 机型一样被后机身完全包围起来。美国卫星在Zhukhovsky［之后却被西方国家机构误传为拉缅斯科耶（Ramenskoye）］发现了该机型，并暂时称之为"RAM-J"。媒体最终曝光了少量照片，但是照片像素太低，无法看出多少关于该新式飞机有用的信息。1985年，一架原型机的曝光向西方国家航空媒体提供了Su-27机型首个有价值的图像，来源仍然是苏霍伊设计局发布的视频信息，这架飞机现在可以在莫斯科附近莫尼诺的空军博物馆中看到。

结构布置

Su-27采20世纪60年代末70年代初的典型布局设计，使用双垂尾，大间隙悬挂发动机，以及翼身融合布置，另外还有一些特征使人想起其竞争对手美国的F-15以及F-14战斗机。由于当时的西方分析家认为苏联的设计师思维落后，没有能力提出原创方案，这也毫无疑问地引起了对苏霍伊设计局抄袭了一架或多架美国的战斗机的谴责。机翼非常简单，采用了弯曲下倾的前缘，没有使用前缘缝翼和防颤振配重，装备了传统的外翼副翼和内翼缝

上图：这架来自前苏联电视节目中的机体是西方国家首次见到Su-27机型。节目中展示了T-10-1起飞和着陆的画面，展现出了该机型同美国当时主力型号战斗机的相似性。

翼。根部后掠80°，前缘的主要部分后掠44°。在内侧壁板上增加了4个翼刀，可能是在首飞前加上去的。两个稳定器安装在发动机吊舱的上部，在中轴线舷外。翼盒在发动机吊舱的两侧，安装有平板全动副翼。主起落架装置安装在翼根位置，向前旋转90°，水平放置在机翼中。放置前起落架的舱门面积较大，可以用来当做减速板。机头下部的起落架向前倾，在挡风玻璃下部，向后收起。

设计小组利用空气动力研究中心的系列研究成果，选择使用被俄罗斯人称为"翼身融合体"的结构形式，其中前机身和机翼融合到一体，组成了一个统一升力机身。这种融合结构（在美国的F-16战斗机上也有所使用）使得阻力面积减小（因

此阻力减小），为燃油和航电系统留下了更多的空间。这种布置使得机身横断面面积的变化很平缓，甚至在驾驶舱和发动机进气道的位置，因此明显减小了波阻。Su-27内置燃油容量很大，在一定程度上由这种结构促成的，但是主要原因还是该机型的尺寸。

第一架和第二架原型机由苏霍伊设计局自己在莫斯科的车间制造，虽然使用了Komsomolsk-na-Amur工厂的机翼和尾翼。第二架原型机据称进行了一系列改装，包括将机翼前缘整平，安装了可活动的缝翼，尾翼倾斜，另外，根据某些来源得到的消息，第二架原型机是第一架装备了标准飞行线传控制系统（最初是为T-4/

下图：这架T-10显示出机翼形状的优点。生产型的机翼进行了改装，采用了防颤振配重作为翼尖导弹挂架，而原型机中则是使用了比较落后的前缘梢钉。

Su-100研发的）的T-10战斗机。另外内置燃油容量也比第一架的19841磅（9000千克）增加了2204磅（1000千克）。T-10-2在一次飞行控制测试中由于引发了共振而坠毁。飞行员YevgenySoloviev在超出弹射参数范围后弹射，不幸遇难。

接下来的两架原型机，T-10-3以及T-10-4也由苏霍伊设计局制造，却采用了定型后的AL-31F发动机（尽管采用了悬挂式附件和变速箱）。T-10-3于1979年8月3日首飞，之后T-10-4于10月31号首飞。另外5架原型机由Komosomolsk的工厂生产（T-10-5、T-10-6、T-10-9、T-10-10以及T-10-11），但是这些原型机采用了AL-21F发动机。

设计缺点

当一系列事故影响到整个研发计划的

上图：首架T-10目前存于莫尼诺著名的展览中心进行展览。从图中可以看到尾翼和尾翼副翼增加的前缘防颤振配重。

时候，关于美国新式战斗机F-15的消息传了过来，并且可以清楚地认识到，T-10机型无法满足其自身的性能要求指标，也不是美国新式战机的对手。问题的原因有很多，包括比预期值更大的阻力，发动机性能的不足，燃油消耗过度，以及新式的航电系统所导致的超重。除此之外，由于新的航电系统是装在机头的，也会增加飞机的纵向稳定性。飞机还遇到了颤振的问题，所以不得不在垂尾、平尾以及机翼上添加防颤振配重，并移除一对外翼上的翼刀。可以清楚地认识到，为了满足最初的

设计要求，不得不进行重新设计。苏霍伊设计局获准许可进行重新设计，但是前提是Su-25攻击机的计划不受到影响。

第二次尝试

因此，接下来的两架在莫斯科工厂生产的原型机——T-10-7以及T-10-8，采用了全新的设计标准，苏霍伊设计局声称这两架原型机是"全新的机型"，只保留了"T-10"的编号、弹射座椅以及主起落架。重新设计是在MikhailSimonov的指导

下进行的，据称他为修改后的设计方案提出了新的编号T-10S（T-10 Simonov）。因此这两架原型机又编号为T-10S-1以及T-10S-2。即使在两架重新设计的机型开始研发后，Komsomolsk仍然在原设计的基础上继续研发T-10原型机，用来作为设备和航电系统的测试平台。据称一共生产了大约20架原设计的T-10机型，但是并没有多少证据来证实这一说法，并且大概只有9架进行了试飞。

全新的机翼

新的机型并不是完全地从白纸开始的设计，但是确实是一款进行了很大改动的重新设计。重新设计的关键是全新设计的机翼。LERX被证实可以提供更大的升力（因此可以帮助打破装备了大量设备的机头的稳定性），机翼没有采用曲线形翼尖，而是用了大量的防颤振配重，另外还可以用来当做翼尖导弹发射架。原来的副翼（由于机翼的大柔性而遇到了副翼反效问题）以及襟翼被取消掉，取而代之的是采用了内侧襟副翼。虽然不明显但是非常重要的一点是机身进行了重新设计。机头和前机身的改变是最明显的，采用了更大

的雷达罩并且减小了前机身的横截面积，但是在座舱之后迅速增加了横截面积并降低了高度。在右侧翼根位置装备了GSh-30-1机关炮，其竞争对手MiG-29机型也采用了该武器。

增加了垂尾的尺寸并向外移动到支撑平尾的吊杆上。气闸和主起落架舱门耦合引起了严重的平尾颤振问题，因此被背部气闸所取代。起落装置进行了改良，采用了向前倾斜的油减震式主起落架以及完全重新配置的前收机头起落架，位置更加靠后以改善地面转弯性能并降低了杂物吸入进气道的风险。利用保留下的T-10机型进行发动机、武器装备、仪器仪表以及其他设备的测试，并且进行飞行员培训，这使得T-10S机型的研发过程得以加速完成。

最初的T-10机型在发动机尾喷口中间装备有较短较宽较平的渐平尾翼，覆盖有采用绝缘材质的整流罩。而在T-10S机型上，被更长的圆筒形尾翼吊杆所取代，降低了阻力，同时用来安装减速伞和躲避弹发射器。T-10S-1于1981年4月20日由Vladimir Ilyushin（在他即将退休之前）驾驶进行了首飞。该机型最终成为一款使苏霍伊设计局感到无比骄傲的机型，并实现了最初的设计所要求的巨大潜力。

T-10-1

这是首架苏霍伊T-10机型的验证机，在型号研发过程的后期曝光。可以看出同生产型Su-27"侧卫"有很多的区别。

机翼

T-10-1在机翼下部带有4个挂载点，在机翼上部可以明显地看到4个小的翼刀。T-10的翼尖并没有导弹挂架。

驾驶舱舱盖

驾驶舱舱盖需要给飞行员带来非常好的全方位视野，这在20世纪70年代该机型在设计时是非常流行的。生产型的"侧卫"采用了重新定形并且加强后的驾驶舱舱盖。

动力装置

该机型采用了一对Lyul'ka AL-21F-3涡轮喷气式发动机，除此之外米格-23和Su-24也采用了该型号的发动机，在满载工作时可以提供17200磅（76.5千牛）的动力，开加力后推力可以达到24800磅（110.5千牛）。

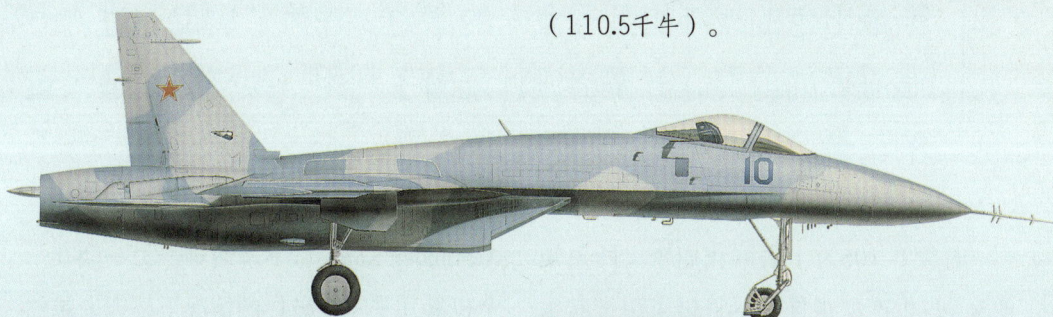

没有雷达的机头

在原本计划安装的雷达准备好之前，T-10的长度已经足够长，因此在机头内安装了金属配重来保持飞机的重心。

Su-27 "侧卫" 不断打破纪录的发展过程
Su-27 "Flanker" Record-breaking development

在经历了艰难的研发过程后，"侧卫"具备成为俄罗斯最出色的战斗机型号之一的潜力。作为"侧卫"进入一线服役的前奏，苏霍伊设计局着手利用一架样机创造大量的纪录。

首架T-10S看上去同我们今天所熟知的Su-27生产型很像，尽管仍采用带有水平顶部的尾翼，并且没有同弹射座椅后部一样高的第二座舱框架。在多架机体上的一系列测试最终促成了采用安装在支撑尾翼的吊杆下的小的垂尾，这些改动改善了航向稳定性和滚转特性。早期的平顶尾翼用在大量Su-27早期生产型上，其数量可能足够组成一个航空团。

早期的"侧卫"的损耗率很高，其中一架在一次严重事故中坠毁，测试飞行员Alexander Komarov不幸遇难。另一架在一个机翼几乎完全破坏的情况下坠毁，虽然飞行员Nikolai Sadovnikov实际上试图进行迫降。两次事故都是由于非人为操纵的上仰而引起的，使得新安装的前缘襟翼脱落，导致尾翼受损，机翼外部壁板破坏。一个解决方法是减小前缘襟翼的面积，而另一个方法则是减小安装角。其他的问题则不容易解决。

众所周知，Su-27受困于航电系统问题，尽管细节仍不明朗。普遍认为一度有

50架"侧卫"（经常被说成上百架）在Komsomolsk露天放置着，等待安装可使用的雷达以进行交付。这些问题将交付服役的时间推迟到了1986年，尽管首架Su-27的原型机于1982年9月就出厂了。

击败美国

一架T-10S的原型机注定要成为Su-27机型故事里的重要一员。其表现让人们确信，至少在性能方面，西方国家机型高人一等的假设需要重新考虑一下了。该飞机编号为P-42，准备进行一系列打破世界纪录的尝试，挑战由F-15所创下的纪录。在Rollan G. Martirosov的指导下，P-42没有安装任何雷达、武器以及相关操纵设备，以进行其创纪录的尝试。为了减轻重量，前缘襟翼被锁住，其激励装置也被移除，而尾支杆、翼尖配重和尾翼整流罩也都被移除。后机身只剩下像铲子一样的直直的后缘，从发动机尾喷处插入。常规的雷达罩被轻质的铝合金设备取代，另外该飞机没有喷涂，表面高度打磨抛光。没有安装后机

上图：首架T-10在机翼和尾翼上装备有与众不同的前缘防颤振配重。发动机尾喷完全安装在后机身内。

身下翼。在国际航空协会（FAI）的资料中，P-42的发动机用的是TR-32U二次燃烧涡轮风扇喷气式发动机，二次燃烧后推力达到29955磅（133.25千牛）。当有物体接近时，Su-27的标准制动器无法有效刹住开全力的P-42，因此该飞机通过一对缆绳和电子锁固定在一辆沉重的装甲车上。标准制动器甚至被移除了，用以减轻重量。

P-42在1986—1988年间所创下的27个世界纪录（从爬升时间到平飞速度）中，

上图：T-10-1在机翼下挂载了R-60（AA-8 "Aphid"）导弹模型，在发动机吊舱之间挂载了R-27（AA-10 "Alamo"）导弹模型。用主起落架的舱门当做减速板的设计也被取消了。

有5个绝对飞行高度时间纪录之前是由美国的F-15战斗机保持的。1986年10月27日，Victor Pugachev在25.373秒内飞到了9625英尺（3000米）的高度，同年11月15日，在37.050秒的时间内飞到了19250英尺（6000米）的高度。破纪录的飞行继续，在70.33秒的时间内到达了难以置信的49210英尺（15000米），比F-15快了将近7秒。P-42存放在苏霍伊设计局工厂LII's Zhukhovskii飞机场的露天仓库中，在那里，一旦需要进行破纪录的尝试可以恢复到飞行状态——尽管不太可能发生。

生产型的动力装置

生产型的Su-27和后期的T-10机型都采用了生产型的Lyul' Ka（MMZ/Saturn）AL-31F发动机，该发动机重新设计了进气道以适应更大的进气气流，尽管区别并不明显。T-10S-1采用了带孔式进气道防损伤（FOD）保护罩，在发动机启动时从进气道夹板伸出来，起飞后缩回去。另外T-10S-1可能还在进气道导管下部装备了百叶窗式辅助进气设备，可以在高空飞行时吸入空气。FOD保护罩主要设计用来减小在环境不良或者未完全做好准备的场地起飞降落时从外部吸入杂物的风险——这是前苏联作战飞行中队的常规手段。

AL-31F发动机被证实是一款成功的发动机，在保证动力强劲的同时非常可靠、稳定、易维护。按照前苏联的标准，该发动机彻底检修的时间间隔非常长，大约1000小时，寿命大约3000小时，尽管每100个小时都要按照规定通过检测设备进行检查。该机型唯一存在的严重问题就是燃油消耗率过高。

许多测试机都采用了T-10开头的编号，但是不清楚这是否反映了它们在所有生产出来的T-10机型中的序列位置，或者是否从T-10S机型开始重新编排序列。例如，不能确定编号为T-10-17的飞机是第17架完成的Su-27机型或者是第17架T-10S机型。这种编号一直编到了T-10-25，该飞机用来作为海军的测试研发机。其他早期的"侧卫"，例如T-10-20R，用于进行进一步的创纪录尝试。

双座式教练机

当少量Su-27开始交付科拉半岛（Kola Peninsula）的军事基地服役时，对于双座式教练机型的需要也变得明显了。事实上，苏霍伊设计局在"侧卫"研发计划开始时就试图研发双座式教练机，但是单座式机型研发时的延期导致了教练机型计划的暂时搁浅。在研发单座式机型遇到

下图：P-42所创造的很多纪录目前仍然保持着，该飞机目前在Zhukhovskii露天放置着。已经有证据暗示该飞机将成为苏霍伊设计局博物馆里的最引人注目的部分。

上图：首架Su-27UB原型机同较早的单座式机型大致相同。该原型机于1985年3月7日首飞，但是西方国家一直不知道该机型，直到1989年巴黎航展之前首架原型机曝光才有所知晓。

各种困难之后，苏霍伊设计局决定双座式机型要尽量避免这些问题，保留单座式的大致尺寸，第二个飞行员在位置相对较高的驾驶舱中与第一个飞行员串联而坐。Su-27的双座式教练机型可以进行实际作战，不像米高扬设计局的MiG-29UB，仍保留了标准雷达。

原型机编号为Su-27UB（T-10UB），由试飞员Nikolai Sadovnikov驾驶于1985年首飞。尽管生产时同单座式机型大致相同，但是双座式机型的生产型没有尾翼罩，在尾杆两侧也没有安装干扰弹发射器。Su-27UB的主要任务是提供连续性训练（包括仪器导航飞行训练），另外还进行民用航空医学测试。

串联式Su-27UB的进一步研发促成了Su-27PU的诞生，该机型是一款拦截机，在执行战场空中巡逻任务（CAP）时可以自动飞行长达10小时。其他型号包括Su-27P，装备有体积庞大的内置油箱。Su-27PU裸机，目前服役于试飞员学校。Su-30M具备一定的地面攻击能力，另外还有性能优良的Su-30MK攻击机型。

苏霍伊设计局继续研发其"侧卫"家族机型，尽管俄罗斯目前的经济情况非常严峻。升级后的旧型号仍然在服役中，和新的型号一起，仍然是非常强劲的对手。

上图：所示飞机（可能是T-10-10）可能是首架包含了所有早期"侧卫"生产机型特征的机体。装备了"Apex"和"Alamo"导弹。

下图：有消息称图中所示飞机（T-10-17）实际上是T-10S的原型机。该飞机是早期的T-10S机型的典型代表，装备有四方形的尾翼整流罩以及无框架的后部驾驶舱舱盖。

Su-27 "侧卫-B"
Su-27 "Flanker-B"

Su-27 "侧卫" 战斗机代表了俄罗斯航空工业皇冠上一颗璀璨的珍珠。在对并不太成功的原型机T-10 "侧卫-A" 重新设计之后，一款性能优良，机动性好的机型 "侧卫-B" 面世，并且适于出口国际市场。

在早期的T10 "侧卫-A" 机型没有达到预期性能遭到失败后，完成了两部分完整的机体设计来修改原来的设计方案，并使用T10S的编号。

主要的变化

机翼的前缘后掠角减小，去掉了翼刀，增加了机翼面积［从639平方英尺（59平方米）增加到667平方英尺（62平方米）］，在翼尖安装了导弹发射架，并当做防颤振配重。机翼后缘的襟翼外翼的单独副翼被整体襟副翼所取代，从根部一直延伸到大约百分之六十的展向位置。

垂直尾翼增加了尺寸，向外移动到发动机吊舱两侧的吊杆外，并采用垂直方向，而不像大部分的T10机型。在尾部吊杆下增加了腹鳍，增加航向稳定性，提高防滚转能力。

水平尾翼也增加了尺寸（展长、弦长以及面积），并安装了独特的不规则翼尖。在发动机尾喷口之间的平坦的像铲子一样的渐平尾翼被加长后的圆柱形尾刺，尖部采用圆锥形的整流罩，可以减小阻

力，并为一对减速伞和干扰弹发射器提供了安装空间。机身横断面积减小，机翼整型片的半径也降低。

机头进行了加长，并修改了外形，采用了更加球根状的雷达罩，并更加下垂，前起落架向后移动。主起落架的减震设备进行了改动，向前倾斜，使得可以更好地收放到翼身中心部位。起落架舱门也进行了重新设计，更大的背部减速板取代了用于减速的前舱门。甚至驾驶舱舱盖都进行了重新设计，采用了更细长扁平的流线型

上图：四架Su-27"侧卫-B"与一架Beriev A-50 "主桅索"（Mainstay）空中预警侦察机一起编队飞行，执行空中防卫任务。而在实际中，A-50更经常与MiG-31"猎狐犬"（Foxhound）拦截机一起执行任务。

外轮廓。定型后的AL-31F发动机（在顶部安装了变速箱配件）安装在重新设计的发动机吊舱内。在进气道安装了网格状的进气网，降低了在起飞降落时吸入杂物的危险。开始时没有生产型Su-27的尾部整流器。

上图：航展上出现在公众面前的苏霍伊设计局Su–27"侧卫–B"比之前的苏霍伊T10"侧卫–A"要好得多。这架"侧卫–B"展示了改进后的机翼外形，装备后身下机翼的后部机身，新的雷达罩外形，重新配置的前起落架以及单一背部)减速板的优势。

测试飞行

首架T10S（原T10–7）于1981年4月20日首飞，由Vladimir Ilyushin驾驶。但是由于燃油系统问题，于1981年9月3号坠毁，但是Ilyushin成功弹射获救。

第二架T10S于1981年12月23日坠毁，事故原因是新式自动襟翼（之后进行了重新设计）脱落而导致的不可控俯仰动作，使得飞行员Alexander Komarov遇难。

撇开这些事故不谈，Su–27进行了明确的改装，其驾驶员也对其操纵性及性能表现赞不绝口。1982年决定生产该机型，首架生产机型于该年9月下线。

研发问题

尽管进行了重新设计，Su–27的问题仍然没有完全解决。生产型装备的雷达的交付工作缓慢，另外该机型还遇到了燃油系统和发动机系统的问题。稳定性问题使得该机型遭遇了严重的飞行限制，直到对飞行控制系统进行了改进。除了一些用来进行研发测试工作的机型，大部分在出厂后直接运到了工厂旁边的仓库存放起来。生产机型的生产工作实际上在1986年中期中止，而当时Su-27战机正在Zhukhovskii和阿赫图宾斯克（Akhtubinsk）的上空飞行，用于处理各种问题。

幸运的是，T10S飞行测试计划至少在一方面进行得很顺利——即发动机研发工作——AL-31F的许多问题得到了解决。

"侧卫-B"

早期的T10S机型与最终定型的Su-27机型的差别很小。早期的机型采用了稍有不同的尾翼罩，后缘上部没有进行不规则剪裁。早期的预生产机型也装备了很长的机头探管。西方国家情报机构将该机型称为"侧卫-B"，与之前的T10机型进行区分。

早期的"侧卫-B"

少量Su-27机型于1986年年底开始进入服役，从克拉半岛的军事基地出发执行飞行任务，可能配备有一个评估/研发团队。在垂尾前缘装备有独特的防颤振配

下图：飞机在翼尖装备了Sorbtsiya电子对抗探管，在后期生产的"侧卫-B"机型上可以替代翼尖发射架。在俄罗斯国旗颜色中点缀了"Lipetsk Aces"的颜色涂装。

重，但是近几年将该设备取消。

后期的"侧卫-B"

Su-27机型的第一个主要改进措施是

在圆柱形的尾翼吊杆两侧安装了盒装的整流罩。其中安装了向上发射的28发三倍APP-50（L-029）闪光弹发射器，在上表面带有84个闪光弹弹夹。在尾部吊杆上部一共增加了32个发射器（96个弹夹）。整

流罩向后延伸一直到减速伞的铰接间隔区，并采用了绝缘材料的天线外壳。

在生产线上，墨绿色的机头雷达罩被白色的雷达罩所取代，后期的机型都采用了全绝缘的机翼盒段和白色的整流罩。雷达罩实际上也增加了直径和长度。

在最新的生产机型中，最大起飞重量由10360磅（4700千克）增加到72750磅（33000千克）。部分后期的生产型"侧卫"采用了一对额外的翼下挂架，使得总的挂架数量达到了12个。

除了干扰弹/闪光弹发射器的数量增加以及安装了新式后部RHAWS天线之外，后期生产的Su-27机型据信也采用了同其前身相同的航电系统和设备。

出口型"侧卫-B"

以Su-27SK（Kommerical系列）命名的"侧卫-B"机型被出口到中国、埃塞俄比亚、越南，据报道也出口到了叙利亚。似乎出口型采用了略为不同的雷达（可能没有目前俄罗斯采用的敌我识别系统IFF），并削弱了反侦察能力。该机型也缺乏俄罗斯空军采用机型所具备的电子战能力。

左图："侧卫-B"是俄罗斯空军性能最出众的远程战斗机。苏霍伊设计局也试图设计研发该机型的空对地武器投放能力，尽管这种作战能力还没有被俄罗斯空军所广泛接受。

绰号

北约组织（NATO）称之为"侧卫-B"，俄罗斯空军官方称之为"Su-27"，在服役中，飞行员称之为"蓝色闪电"（Azure Lighting）或者"天鹤"（Crane）。

颜色喷涂

俄罗斯空军的Su-27战斗机大部分采用了双色调天蓝色喷涂。另外还有许多不同种类的蓝色喷涂在近几年应用到的机体上。

"侧卫-B"

这架苏霍伊Su-27"侧卫-B"在左侧发动机处的设计与众不同，可能是参加1995年国庆日盛大的阅兵仪式时飞跃莫斯科所用。服役于驻扎在利佩茨克（Lipetsk）的空军训练中心第760 ISIAP，主要进行武器操纵的训练和战术研发任务。

武器挂架

大部分的"侧卫-B"在每个机翼下都装备有3个挂载点，在发动机吊舱有1个，在机身中线部位串联装备2个。有一些机体在每个机翼下会有附加挂载点。

导弹武器

Su-27通常装备R-27远程导弹（在内部挂载及机身挂架）以及R-73近程空对空导弹（在翼尖发射架以及机翼外侧挂架）。

尾翼形状

预生产的"侧卫-B"采用了四边形的形状，从头部水平过度到底部，装备有较大的防颤振配重。早期的生产型"侧卫-B"保留了防颤振配重，但是采用了"尖锐的"尾翼。图中飞机为后期生产的"侧卫-B"机型，装备有尖锐的尾翼但是没有防颤振配重。

雷达及天线罩

这架"侧卫-B"装备有NIIP N-001雷达（北约组织称之为"Slot Back 2"）。早期的机型采用绿色喷涂的雷达罩以及电子探管——后面的机型这些部位改用白色喷涂。雷达改用OEPS-27电子光学合成红外线搜索跟踪雷达（IRST），位于驾驶舱前面。

Su27–UB "侧卫–C"
Su-27UB "Flanker-C"

Su-27UB机型是在其单座式机型设计完成之后随即进行设计研发的，是一款可以完全用于作战的教练机型，同大部分的"侧卫"机型一起服役。近期，其出口和海军机型也已经开始生产。

在Su-27研发过程的初期就制订了双座式改型以及连续型教练机的设计计划，但是由于单座式机型出现的问题比较严重，该计划也不得不暂停。在原来的T10设计方案被放弃之后，一款双座式的T10机型成为下一个在苏霍伊设计局的试验车间生产的机型。

当单座式机型不得不进行重新设计时，工作重心在对单座式机型的改装上，而Su-27UB机型的研发工作进展缓慢。当单座式机型出现的一系列的困难和问题被解决之后，设计局决定双座教练机型的设计要与之尽可能的相同，并保持大致相同

的尺寸和重心位置。苏霍伊设计局通过计算表明第二个驾驶舱的设备可以使得内置油箱载油能力的减小量达到最小。气动、结构、设备以及系统的改变也保持在尽量小的范围内。风洞实验表明Su-27UB同单座式机型具有相同的特性，并在之后的飞行测试中得到了验证。

Su-27机型的双座教练机版本因此完全可以用于作战，不同于MiG-29UB的双座式版本。教练机型保留了"Slot Black"雷达，同单座式机型唯一的不同就是在第一个驾驶舱后面增加了第二驾驶舱。驾驶舱进行了大幅升级，采用了向上翻起的单

上图：首架Su-27UB的生产方式是在已有的Su-27K预生产型的机身框架上安装全新制造的前机身。从图中所示飞机可以轻易地看出这种痕迹，该飞机在Zhukhovskii的机场中进行滑行。海军的"侧卫"机型采用双轮式前起落架以及加强后的主起落架。

一舱盖，可能比单座式机型的舱盖产生稍微大一点的阻力。后面的驾驶员拥有极佳的视野，比俄罗斯所有串联式训练机型的视野都要好。由于新式驾驶舱舱盖导致的截断面积的增加通过增加尾翼的面积来进行弥补。该方法是通过在方向舵下面增加了全舷长部分来实现的，保持了从方向舵到垂尾的俯视图形状。Su-27UB也比单座式机型稍微重了一些［空载时重2470磅（1120千克），常规起飞重量时重2515磅（1140千克），最大起飞重量时重4749磅（2150千克）］。这使得在性能表现上的可能影响最小，低空飞行时速度降低44英里/小时（70千米/小时），高空飞行时速度降低96英里/小时（155千米/小时），着陆距离增加100英尺（30米），起飞滑跑

上图：Su-27UB飞机位于三架俄罗斯骑士飞行表演队表演用机的首位，这是该表演队第一次访问红箭表演队所在地斯坎普顿（Scampton）英国皇家空军基地。双座式样机在表演队的表演当中起到了重要的作用，另外也用于进行复习训练和公开飞行。

距离增加328英尺（100米）。载油量略为减小，对航程和耐久性能上的影响很小，在实际操作中并不明显。有些报道称载油量增加，但是从机身背部的形状来看，这似乎是不可能的。

背部减速板通过机身骨架进行了加长，改变了形状和面积。减速板的最大伸展角度比单座机型的小得多。

首架Su-27UB原型机于1985年8月7日由飞行员Nikolai Sadovnikov驾驶首飞。Su-27UB原型机以及首架双座式生产机型同早期的单座式生产机型采用大致相同的制造标准，但是没有生产型的不规则尾翼，在尾椎两侧也没有躲避弹/闪光弹发射器。最常见的该机型的照片中显示带有不规则形状的尾翼和白色绝缘壁板，但是这些特征是在首飞以后同编号01一起增加上去的。然而，大部分的双座式生产型交付时采用了后者的布置，增加了干扰弹/闪光弹发射器的数量。在最新的生产型系列中，最大起飞重量增加了6724磅（3050千克），达到73854磅（33500千克）。Su-27UB的生产型从1986年开始由伊尔库兹克飞机制造股份公司进行生产，但是并不清楚1986年之前在莫斯科和Komsomolsk一共生产了多少架Su-27UB。Su-27UB的首张图片直到1989年年初才发布，略早于该机型在1989年巴黎航展的首次亮相。

Su-27UB的主要任务是进行过渡飞行和持续性训练（包括设备飞行训练，其中提供了轨道式自动飞行设备）。Su-27UB也用于执行一系列其他任务，作为一款双座式机型，体现出了独特的大迎角、高过载、远航程飞行性能。Su-27UB进行的最著名的测试之一是进行航空医学实验，在

下图：Su-27UB机型的首张照片于1989年曝光，同年在勒布尔歇（Le Bourget）的巴黎航展首次在公众面前亮相，距MiG-29在法恩伯勒航展的亮相不到一年的时间。两架Su-27UB参加了航展，但是是单座式机型做出了那个令人赞叹的表演动作，即广为流传的普加乔夫眼镜蛇机动。

利佩兹克（Lipetsk）同俄罗斯航空医学中心的Su-27机型一起进行航空医学专家的训练。其他的Su-27UB被用来进行追逐训练和训练测试飞行员。在俄罗斯之外，大部分拥有"侧卫"的苏联解体后的国家，例如乌克兰和白俄罗斯，在俄罗斯收回后继续保有少量的该训练机型。

下图：乌克兰得到的"侧卫"飞行编队拥有最多10架教练机样机，同其单座式机型一起在米尔霍德罗（Myrhorod）的第62 BAP和第831 IAP服役。

出口国外的教练机

Su-27UBK是双座式Su-27UB出口型的编号。该机型同俄罗斯后期生产的Su-27UB机型大致相同，在尾椎两侧采用了加长后的躲避弹/闪光弹发射器。Su-27UBK是很稀有的机型，因为只有两架（其中一架编号"04"）被交付到中国的首支"侧卫"编队，而越南的订单中没有包括双座式机型。之后中国可能又购买了

上图：俄罗斯的"侧卫"飞行团通常装备3～4架双座式机型。后部驾驶舱（根据苏霍伊设计局所说）的视野比F–15B/D机型的要好，通常来说，俄罗斯的双座式机型没有为领航员装备潜望镜。

另外两架Su-27UBK，但是即使如此，该机型的总数也毫无疑问非常小。

双座式海军"侧卫"

最近双座式机型家族增加的型号为海军版本的Su-27KUB。之前Su-33的驾驶员已经在Su-25UTG机型上进行训练，但是该机型被证实性能不足。因此Su-27KUB开始进行设计。新机型看上去介于Su-33和Su-34之间，采用了并排式座椅以及整套的作战设备，保留了同单座式机型相同的12个挂载点。同许多俄罗斯的其他项目一样，财政条件将决定该机型是否会进入俄罗斯海军服役。

Su-27LL-PS

尽管推力转向发动机尾喷的优势（特别在改善起飞和着陆性能上）已经在F-15S/MTD机型上得到了很好的体现，但是苏霍伊设计局对Su-27M机型推力矢量尾喷的研发工作却进行得非常缓慢。只有一架Su-27UB进行了改装，采用了双向（俯仰）尾喷，但是早期的报告表明该飞机是用来对湾流/苏霍伊的SSBJ（Supersonic Business Jet超音速商用飞机）机型进行支持测试的，特别是针对噪声印迹的测量工作。现在，这种观点被认为是一种故意的假情报，而该测试平台机型实际上用于Su-27M计划的测试工作。Su-27UB测试机，据报道编号为T10U-16，或者Su-27LL-PS，在左侧发动机后部安装了加长后的整流罩。其中包括了铰接的终端片，可以模拟不同的尾喷管位置，但是在飞行中，至少在开始的时候能否驱动仍不明了。该飞机（驻扎于Zhukhovskii的LII Gromov飞行测试中心编队）于1989年（S/MTD后一年，但是美国的机型已经具有两个全方向可变尾喷，技术非常先进，甚至可以在生产机型上进行使用）开始测试工作。在1989年3月21日采用了新式尾喷的测试机首飞之后，Oleg Tsoi于3月31日首次在飞行中进行了推力转向。Su-27LL-PS很快确认了之前已经被美国机型所证实的推力矢量技术的优势。接下来苏霍伊设计局采取了进一步的措施将更先进的尾喷技术应用到Su-27M机型上，同时也希望能够获得财政支持，将同样的尾喷技术应用到Su-27K机型上。采用了推力矢量技术的Su-27机型的首飞比先前预期的时间要晚。苏霍伊的首席设计师Mikhil Simonov声称在1988年进行了首飞，一些西方人士在1991年的巴黎航展观看了一部被巧妙编辑后的影片后认为，采用了矢量技术的测试机参与了20世纪80年代中期于Saki进行的测试。从Su-27LL-PS计划中得到的实验数据促进了具有超高机动性的Su-37以及Su-30MKK机型的研发工作。

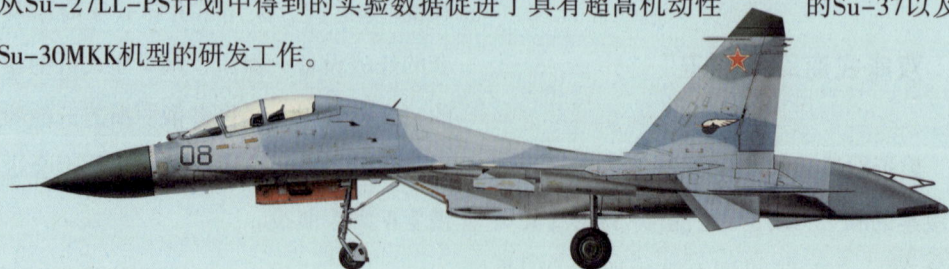

Su-27K 简介
Su-27K Briefing

俄罗斯海军的空中力量随着其唯一的航空母舰Admiral Kuznetsov以及所搭载的Su-27K拦截机编队的部署而得到很大提升。

80世纪80年代初，随着苏联航空母舰计划的展开，研发一款Su-27海军舰载机型的计划也相应开始。该机型被设计成一款单纯的空中防卫机型，可以同新式的机

下图：一架Su-27K在Admiral Kuznetsov号航空母舰上开足动力起飞。在俄罗斯航空母舰计划早期，由于时间系统规定参数阻碍了蒸汽弹射器的发展，而采用了滑橇式斜坡起飞装置。因此Su-27K利用restrainers和起飞斜坡跑道进行无协助起飞。

上图：Su-27K进入服役后，北约组织为其单独进行了命名。该机型被航空局通讯中心（SACC）称为"侧卫-D"。然而该名字并没有被使用，而其正确的编号（苏霍伊设计局编号为Su-33）广为流传和使用。

载报警与控制系统（AWACS）平台机型以及MiG-29K多用途攻击机一起组成飞行编队执行任务。因此，Su-27K由基本的Su-27机型发展而来，而不是Su-27M多用途攻击机，该机型当时也处在研发阶段。

几架Su-27进行了计划中的Su-27K生产型布局形式的不同性能测试，包括鸭翼的着陆操作测试以及停机钩的测试。3架T10（-3，-24和-25）以及一架早期的Su-27UB在一个航空母舰模拟甲板上进行了至关重要的起飞测试。首次"甲板"起飞于1982年8月28日在Saki的模拟甲板上进行，由试飞员Nikolai Sadovnikov驾驶T10-3完成。模拟甲板之后进行了重新建造，包含了滑橇斜坡式跑道，以适应首架前苏联航空母舰第比利斯号，主要目的是缩短起飞距离。

在3架T10机型之后又有一队T10K

（Su-27K）原型机参与测试，每一架机体之间都略微不同。T10-24之后首架Su-27K原型机（T10K-1，编号"37"）于1987年8月17日进行了首飞。有5～8架原型机的标准与之后的生产型布局大致相同。所有的飞机都装备了机头起落架双机轮、折叠机翼和尾翼以及前缘双缝襟翼。

Su-27K原型机都装备有缩短的尾椎以及方截面的停机钩；都没有装备减速伞。之后的原型机在内侧机翼下部安装有一对额外的挂架，使得总挂架数目达到12个，包括翼尖基座。

下图：Severomosk飞行编队的Su-27K飞行员在海军航空兵中享有"刀尖上的舞者"的赞誉。所有的头盔都带有头盔瞄准设备，可以进行Vympel R-73导弹的瞄准发射。机组成员的年龄表明海军需要具备相当经验的飞行员来组成其首支海军"侧卫"编队。

舰载测试

舰载着陆测试于1989年9月1日开始，Victor Pugachev将第二架Su-27K成功降落在第比利斯号航空母舰上，成为首位将传统的固定翼飞机降落在航空母舰上的俄罗斯飞行员。第二架原型机（T10-39）是首架标准型的Su-27K，具备了所有海军型号的特征。Takhtar Aubakirov（驾驶MiG-29K）从第比利斯号航母上进行了首次斜坡起飞，之后便是驾驶Su-27K的Pugachev。

俄罗斯海军飞行员于1991年9月26日开始进行航空母舰常规操作。服役测试非常成功，随之进行了政府认可测试，并于1994年成功通过。

如果前苏联建造4艘航空母舰的计划

得以实现，则需要多达72架Su-27K生产型以补充飞行编队的飞机数量。然而，冷战的结束导致了前苏联航母计划规模的大幅缩水。只有Admiral Kuznetsov号航母（原第比利斯号航母，前身为勃列日涅夫号航母）还在俄罗斯海军中服役，空中预警机计划和MiG-29K计划都被终止。

如果在新的航空母舰上只有一种型号的固定翼飞机的话，从逻辑上来讲应该是MiG-29K多用途战斗机。然而，由于苏霍伊设计局的首席设计师Mikhail Simonov的政治影响力，苏霍伊设计局的机型被选中进行生产服役，俄罗斯海军不得不接受这款用途单一的战斗机（也就是舰载机）。

Su-27K确实具有一些超越MiG-29K的重要优势，其中最主要是杰出的航程特性。在进入服役之前，Su-27K生产型被苏霍伊设计局重命名为Su-33，但是该机型保留了基本IA-PVO截击机的海军型号，装备了基本的"Slot Back"雷达，只有有限的对地攻击能力。AV-MF是否采用了Su-33的命名并不确定。

首次实际巡航

库兹涅佐夫号的首次实际意义上的军事部署发生在1996年年初，当时在地中海部署了两个月。航母上载有装备了Su-27K机型的Severomorsk航空团第一中队。据报道一共生产了18架生产型Su-27K，在库兹涅佐夫号上除了至少10架Su-27K生产型之外，还装备了最后一架生产型Su-27K。

尽管MiG-29K机型被放弃，但是有报道称该机型的生产工作仍在计划考虑当中。如果该机型进入服役，那么俄罗斯海军将获得其最初想要的机型搭配状态，库兹涅佐夫号航母也将具有更多用途的武器。

一款基于Su-27M机型的更加先进的舰载型Su-27（据报道编号为Su-27KM，或者T10KM）的计划已经被提出，但是由于冷战结束后俄罗斯军事力量的大幅衰退而并没有实现。然而，现有的Su-27K机型可以进行升级以提升性能。对处在服役中期阶段的Su-27SM的升级会增加Zhuk雷达，兼容R-77（PVV-AE "AMRAAMski"）导弹以及一系列先进的空对地制导武器，并且升级AL-31FM或者AL-35涡轮风扇喷气式发动机。

通过改进可以对现有的Su-27K机型增加相对较高水平的空对地作战能力，甚至通过升级，使得该机型更加出色有效，并降低军方购买MiG-29K的兴趣。

Su-27K武器装备

　　服役中的Su-27K曾被目击装备了常规的IA-PVO R-27以及R-73空对空导弹，在机翼下部额外的一对挂架可以多携带两枚R-27导弹，使得超视距（BVR）武器的数量达到8枚。R-27可以应用到多种机型上，另外Su-27K所携带武器中包括可以改善对海上作业目标攻击能力的R-27EM导弹，甚至还有可以在海面上方10英尺（3米）进行飞行的巡航导弹。Su-27K成为首批装备R-27AE导弹的机型之一，并且引入了主动雷达终端导航系统。

　　服役中的Su-27K在机身下部携带有并不常见的吊舱，暂时被认定为侦察设备吊舱或者是与某种舰载着陆辅助系统相关的设备吊舱。另外可选的设备包括机身下部油箱或者UPAZ空中加油设备。在机翼下部可以安装多种非制导炸弹火箭弹（吊挂安装，大火力单轮发射）以及Kh-31（AS-17"Krypton"）空对地导弹。但是这些可选设备并没有在生产型的Su-27K机型上拍到，因此Su-27K编队可能主要执行单纯的空中防卫任务。体积庞大的Kh-41导弹经常被安装在Su-27K机型上，该导弹是一款空中发射的3M80"Moskit"反舰导弹，有时也被称为ASM-MSS。

Su-27K（Su-33）

"Red 64"是Severomorsk航空团第一中队的代号，该中队是1996年"库兹涅佐夫"号航母首次实际航行中搭载到舰体上的飞行编队之一。

编队标志

Severomorsk航空团第一中队的队徽喷涂在尾翼上，是一只正在潜水的海鹰。有些飞机也采用了前苏联St Andrew俄罗斯海军的旗帜标志。

机翼修改

Su-27K所装备的新式双缝襟翼几乎跨掉整个机翼的前缘。内侧的襟翼部分对称操纵，而外侧的襟翼进行不同的操纵，低速时像下垂的副翼一样来使用。

雷达系统的局限

Su-27K所采用的"Slot Back"雷达具有足够的功率和探测范围，但是自动操纵的处理能力不足，目标甄别、危险预警以及多目标跟踪性能较差。这使得Su-27K依赖于地面控制拦截雷达（GCI）或者机载报警与控制系统（AWACS）。幸运的是，飞行员的局面认识意识通过数据交互以及合理的战略战术得到了提高。

飞行控制系统

尽管出现了鸭翼布置，但是Su-27K保留了Su-27基本型的线传控制系统，没有采用Su-27M的数字化系统。

驾驶舱

Su-27K的驾驶舱同Su-27基本型的非常类似，另外装备了用于控制尾钩和机翼折叠的控制设备。对于舰载机形的改装因此非常简单直接，并没有专门的双座机型。

缩短后的尾翼吊杆

Su-27K的尾部整流罩进行了缩短，防止在大迎角降落时撞到甲板上，这使得设计师不得不减少干扰弹/闪光弹发射器的数量，并将安装位置向前调整。

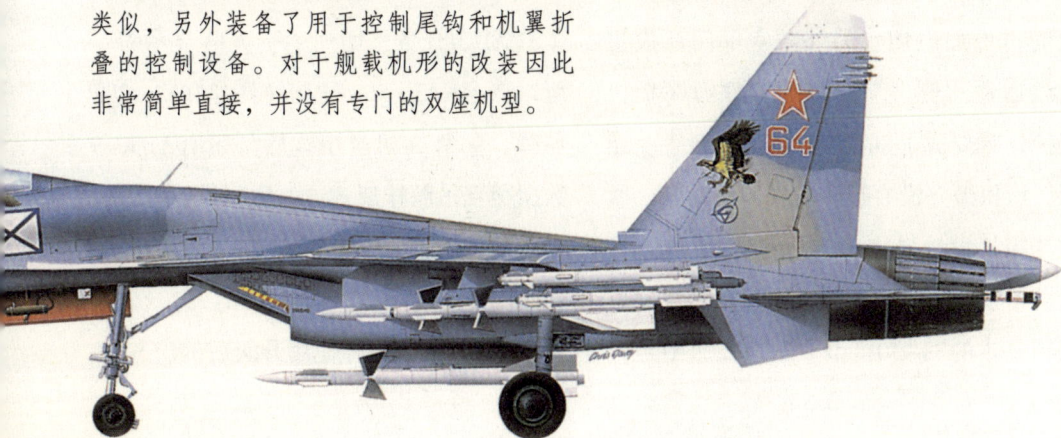

Su-30家族
Su-30 family

源自于并不成功的Su-27PU机型的Su-30，其单座和双座式机型在出口市场上都是"侧卫"家族中处于绝对优势的机型，并且看上去会影响到未来Su-27机型的设计。

20世纪80年代，苏联防空部队（PVO）表达了希望拥有一款专门的Su-27UB作战版本机型的想法，可以用作远程截击机，也可以作为单座式的"侧卫"机型的空中指挥所。该需求由于苏联的地理特点——辽阔荒凉，机场分布较少——而变得更加迫切。另外防空部门还设想这款远途"侧卫"可以为苏联海军提供掩护，就促成了Su-27PU机型的诞生。然而，该机型并没有被防空部门所接收，所以苏霍伊设计局将其重命名为Su-30，可以携带基本的空对地武器。但是很快便意识到基本的Su-30机型多用途能力不足，

因此多用途、远程战斗机/战斗轰炸机型Su-30M进行了生产。出口型因此命名为Su-30MK。

Su-30采用了升级后的雷达，具备潜在的对地攻击能力，该机型开始时用于取代MiG-25Bm机型执行敌方空防抑制（SEAD）任务。增加了一块TV显示器，可以兼容KAB-500KP制导炸弹和Kh-29T导弹，另外在机身中线后部带有ARK-9数据交互吊舱挂架。这款后部吊舱可以使得飞机携带Kh-59M（AS-18"Kazoo"）TV制导导弹。激光制导的Kh-29L（AS-14"Kedge"）导弹使用升级后的OLS-29

的激光喷到进行目标锁定。

除了搭载在基本的Su-27机型上的常规射程空对空导弹之外，Su-30MK还可以携带最多8枚的RVV-AE导弹，两枚在机身中线下部，两枚在发动机吊舱下部，两枚分别在两机翼下部。在执行对地攻击任务时，武器设备的选择大致与Su-34机型相同，尽管有时候Su-30携带每种武器类型的数量要少。例如，Su-30MK只可以搭载两枚Kh-59M "Kingbolts" 或者四枚Kh-25M（安装在机翼下部中央的成对挂架

上图：虽然没有获得任何国内销售记录，Su-30机型家族——包括K、MK、MKI（图中所示为第一架原型机）和MKK——看起来将获得可观的出口。俄罗斯最大的两家出口客户——印度和中国，都投资到该机型当中。

上）导弹。可以在同样的成对挂架上搭载四个火箭弹发射器。两款机型都可以携带6枚Kh-29T空对地导弹或者KAB-500激光制导炸弹。

一款只有在Su-30MK机型上使用的武器是SPPU机关炮，可以在机身中线下部的

上图：由T10PU-6演变而来的第二架Su-30MKI首飞于1998年4月23日。当该机型最终进入服役后，印度的MKI将成为该区域具有统治性的机型，只有被印度视为对手的中国的MKK机型会成为威胁。

挂架上安装两台，方向朝前也可以朝后。

Su-30M于1992年4月14日首飞，由G.Bulanov和V. Maximenov驾驶的编号"Blue 56"的机体完成，该飞机于1993年在迪拜进行公开展示，但是并没有吸引很多注意。该机体装备有内置空中加油管以及红外线探测与追踪器（IRST），展示时搭载了一系列武器装备。

"Blue 321"机体在一系列国际航空表演和展览中采用了迷彩喷涂，并携带了空对地武器进行静态展示。多用途Su-30M作为Su-27IB机型的低成本备选机型向俄罗斯空军进行推销，以取代Su-24机型，但是并没有被军方所认真考虑。该机型随后被称装备了脉冲多普勒雷达、头盔瞄准器以及具备了可以携带最多6枚精密制导武器（PGM）的能力。在1993年迪拜航展之后，Mikhail Simonov声称双座式Su-30M并没有被系列生产，但是会生产少量Su-27IB机型作为Su-30M单座式机型的试探。

出口机体

Su-30MK是Su-30M机型的出口型编

号。Su-30M原型机以及展示机在俄罗斯空军订单最终取消以后，成了Su-30MK的原型机和展示机。

在西方国家许多航展上出现的熟悉的Su-27UB展示机重新进行了迷彩喷涂（重新编号为"321"），用于作为Su-30MK的展示机。尽管该飞机经常搭载可能会在Su-30MK机型上使用的空对地武器，但是关于该机型的改装内容并不清楚。该飞机没有空中加油探管，保留了所有Su-27UB标准机型的作战意图和目的。在1993年的巴黎航展上，苏霍伊设计局仍然称该飞机是"Su-30MK的原型机"，但是小心翼翼地不让大众接近后部驾驶舱，否则的话可能就会露馅。

Su-30MKI

1996年年末，印度签署了购买40架Su-30MK战斗轰炸机价值15亿美元的合

下图：当苏霍伊设计局在国际市场上推销Su-30机型时，所使用的是"321"机体（图中右侧飞机），看上去更像一架重新喷涂后的Su-27UB机型，"603"机体（图中左侧飞机）据称是首架真正意义上的Su-30MK，主要用于向海外客户进行展示。

有出色的机动性能。第二架原型机在下一年试飞。然而，印度已经接收了8架Su-30K（Su-30的"商用"型号）作为临时的替代措施，但是没有鸭翼和推力矢量发动机。目前，印度装备有18架Su-30K，服役于浦那（Pune）的"猎鹰"（Hunting Hawks）中队。然而，服役中的"侧卫"出现了不少问题，遭到印度政府官员的指责批评。印度计划接收6架完全装备的Su-30MKI以及另外26架部分升级的Su-30MK，之后将和Su-30K机型一起升级到Su-30MKI标准，但是从计划的时间上来看这似乎是不可能发生的。

上图：Su-30M的后部驾驶舱同Su-27UB的相似。保留了两套控制系统，并采用了综合平视显示器、雷达和TV显示器。

同。该合同也是价值35亿美元的武器合同的一部分，涉及印度的MiG-21战斗机升级、武器设备采购以及授权生产总共100架Su-30战斗机的协议。印度的Su-30被命名为Su-30MKI，与MK标准机型不同的是增加了鸭翼和AL-37FU推力矢量发动机。另外一个改动在一系列系统上，例如平视显示器和卫星导航系统将由法国的Sextant Avionique公司制造，但是重要的火控系统由俄罗斯制造。

首架MKI机型于1997年7月1日首飞，装备有AL-31FP推力矢量尾喷管，使其具

1999年的巴黎事故

为了推销Su-30MKI机型战斗机，苏霍伊设计局让该机型首先在班加罗尔（Bangalore）的AeroIndia 98空展上亮相，之后又参加了1999年6月巴黎附近勒布尔歇（Le Bourget）的航展。苏霍伊的飞机本来想凭借计划中的一系列的飞行表演

成为空展中的明星，但是6月12日，在航展正式开幕前的一次飞行中，该飞机坠毁。然而，从事故中也得到了一定的收获，K-36DM弹射座椅受到了广泛赞誉，因为机组成员在低于328英尺（100米）的空中成功弹射，没有受伤。第二架MKI在年末的莫斯科MAKS 99航展上取得了更大的成功。

Su-30KI和Su-30MKK

在Su-27的早期生涯中，苏霍伊设计

下图：在马来西亚的MAKS 99和LIMA 99航展上的出口型单座式Su-30KI采用了图中所示不常见的黑色和双色调灰色"飞溅"喷涂。这些颜色源于印度尼西亚。印度尼西亚订购了该机型，但是最终没能付款购买。

局将"侧卫-B"的样机作为Su-27SK进行出口。在20世纪90年代中期，苏霍伊设计局决定升级该机型，结果就是Su-30KI单座式战术战斗机。该机型装备有可收缩式空中加油管以及卫星导航系统。此外，Su-30KI的武器装备通过引入RVV-AE中程空对空导弹系统以及一系列空对地武器而得到了加强。另外还设想针对Su-30KI计划进行进一步的升级，但是需要更加先进的系统，财政和政府许可。Su-30KI已经在几次空展中进行展示，但是还没有收到任何订单。

Su-30MKK机型是一款多用途双座式战斗机，也是由Su-27SK发展而来。该机型用于进行一系列夺取制空权和攻击任务，带有12个挂载点，可携带总共17636磅（8000千克）的各种设备，在装满燃油时能够进行起飞，而其他的"侧卫"则无法做到。首架MKK机型于1999年5月19日首飞，在完成测试飞行后，从中国获得了首批订单，协议中包括88架飞机，于2001年年初开始交付。

下图：Su-30（"302"机体）机型也出现在MAKS 99航展上，其中一天公开携带了哑式炸弹，另一天却装备了R-73、R-77以及Kh-31导弹，因此可以充分反映该机型的多用途作战能力。没有进行喷涂的Su-30同测试飞机Su-27PD一起编队飞行。

Su–27IB、Su–32FN和Su–34
Su–27IB, Su–32FN and Su–34

简介
Briefing

采用并排式座椅的Su–27型号在早期的"侧卫"截击机的基础上进行了彻底的发展改进，其发展过程被掩盖而充满疑惑并不明朗。十分清楚的是设计局承诺该机型是远航程飞行和高攻击能力的强有力的结合。

尽管Su–27机型的对地攻击能力一般，但是苏霍伊设计局仍然选择研发一款专门的双座式攻击型"侧卫"机型。这款完全重新设计生产的机型采用Su–27IB（Is-trebitel Bombardirovschik/fighterbomber）的编号，苏霍伊设计局内的编号为T10V–1。

原型机于1990年4月13日首飞，由一架Su–27UB教练机改装而来，将新式的并排式武装驾驶舱部分（包括机头起落架

机轮）嫁接到原有的机身上。Su-27IB采用了与众不同的拉长扁平的机头，获得了"鸭嘴兽"的外号。该机型也在同机翼前缘相连的部分装备了小巧的鸭翼。

当前苏联塔斯通讯社发布了一张一架Su-27IB原型机（"Blue 42"）在第比利斯号航空母舰上着陆的照片后，西方国家对该机型的认识还很模糊。前苏联声称该机型为"Su-27KU"，一款航空母舰训练机型——但是并没有停机钩！这次"故

左图：1997年巴黎航展，喷涂有343编号的Su-32FN "44" 飞机进行起飞。Su-27IB的海军攻击型号Su-32FN据苏霍伊设计局称是一款基于海岸的远程全天候攻击机。

航展中在公众面前亮相。

生产型

苏霍伊设计局将为俄罗斯空军生产的Su-27IB机型命名为Su-34。首架预生产的Su-43（"Blue 43"）于1993年从苏霍伊设计局在新西伯利亚的工厂下线，并于9月18日进行了首飞。

符合所有设计标准的Su-34（设计局编号为T10V-2）装备有12个挂载点，可以携带最多17640磅（8000千克）的武器装备。实际上可以携带俄罗斯所有类型的空对地武器。包括在各个挂架下的总共34枚100千克（220磅）AB-100炸弹，或者22枚三集群250千克（550磅）AB-250炸弹，或者12枚500千克（1100磅）AB-500炸弹。作为选择，Su-34可以携带7枚KMGU集束炸弹发射器，一系列非制导或者激光制导火箭弹，或者大量预先制导的导弹，例如KAB-500或者KAB-1500。

驾驶舱混合采用了传统设备和多功能阴极射线管（CRT）显示器（在中央控制

意的假情报"的原因还不明了。在该机型于1992年明斯克-Maschulische "展览"中展示给俄罗斯和独联体（CIS）的空军长官之后，发布了一张携带武器载荷的Su-27IB照片。同年末，同一架飞机在莫斯科

左图：为Su-27IB原型机的照片，喷涂了"Su-27KU"的编号，这导致了持续好多年的疑惑，甚至苏霍伊设计局自身也否认Su-27IB这个编号的存在。

代Tu-16和Tu-22M机型执行一些任务，例如远程导弹发射任务。Su-34机型已经被提议作为Novator ASM-MS阿尔法（Alfa）远程超音速巡航导弹的发射平台。阿尔法导弹是一款反舰武器，看上去苏霍伊设计局现在正努力为Su-34增加海上攻击能力。

海上任务

当苏霍伊设计局首次在1995年的巴黎航展上推出Su-34（编号"45"，T10V-5，1994年12月28日首飞）机型时，采用了让人吃惊的Su-32FN的编号。该飞机被描述成在各种天气条件下的全天候海军攻击机型，装备有"海蛇"（Sea Snake）搜索攻击雷达。该机型甚至具备反潜能力，苏霍伊设计局声称可以携带最多72枚声呐浮标，并在尾椎中可以安装机器分析显示（MAD）设备。Su-32FN毫无疑问可以

台，两名飞行员共享）。只有一名飞行员具有平视显示器。两名机组成员都坐在K-36DM弹射座椅上。较大的前部座舱使得驾驶员在执行长时间任务时有可以移动的空间。另外还有一个较小的食物加热器甚至一个化学厕所。

远程攻击

尽管Su-34被作为空军Su-24机型执行战术攻击任务的替代机型，但是也可以取

携带俄罗斯所有的反舰/空对地武器。Su-32FN于1997年回到巴黎航展，而另一架（"44"）首次进行了飞行表演。还不清楚一共生产了多少Su-27IB、Su-34、Su-32FN飞机，但是估计少于6架。

苏霍伊设计局与俄罗斯空军之间有12架Su-34的初步购买协议，并有多个海外国家对该机型感兴趣。Su-27IB、Su-34到2004年将取代俄罗斯所有的战术攻击机，但是到2003年年底只有8架到位。实际上，苏霍伊设计局未来能够从俄罗斯空军（Su-27IB、Su-34）和海军（Su-32Fn）中收到数目较少的订单都是很幸运的。

上图：Su-34和Su-32FN都有一个较大的尾椎，可以装下瞄准和导航雷达，用于后部发射的防卫导弹系统。

下图：飞机为首架预生产的Su-34（苏霍伊设计局的编号为T10V-2）机型，是俄罗斯空军版本的Su-27IB机型。空军自身仍采用了Su-27IB的编号。

苏霍伊设计局 Su-27IB

　　Su-27IB（苏霍伊设计局编号为T10V-1）于20世纪90年代初在公众面前亮相，采用列式双座教练机布局，用于在航空母舰上使用。并命名为"Su-27KU"。苏霍伊设计局一再否认Su-27IB的代号，由于该代号指出了该机型的实际作战用途，另外还大力消除所有涉及"Su-27IB"的文档记录。例如，在1992年的明斯克Maschulische航展上，将该飞机描述为Su-27IB的展示板在摄影人员来之前被盖了起来。今天，苏霍伊设计局关于该机型的用途更加开放，试图将Su-27IB分为专门的对地攻击（Su-34）机型和对空攻击（Su-32FN）机型。图中所示飞机是"Blue 42"，是Su-27IB的原型机，首飞于1990年4月13日——首架新式大型攻击"侧卫"机型。

鸭翼

　　鸭翼首先于1985年5月间用于T10-24（Su-27K）机型上，之后又用在几种"侧卫"型号上，包括Su-27IB。鸭翼通过增加在重心钱的额外升力改善了起飞性能，但是也用于作为控制面使用。

垂尾

　　Su-27IB同Su-27UB机型一样采用同样高度的垂尾，但是令人吃惊的是，没有腹部垂尾，尽管其具有较大的前部机身截面面积。

驾驶舱入口

　　进入新式的并列式驾驶舱是通过机头机轮处的旋梯，驾驶舱上部的壁板同Su-24"击剑者"的驾驶舱开门壁板类似。

机头形状

　　Su-27IB采用全新的机头部分，与机翼前缘相衔接。驾驶舱采用了并列式座椅，并向前移动以提供更好的机头视野。机头宽大扁平，因此该机型获得了"鸭嘴兽"的外号。驾驶舱背部向后延伸，在两侧与机翼前缘根部相连。当装备雷达的时候（针对预生产机型），可能只会安装在机头的最前面。

武器装备

　　图中所示飞机在外侧带有红外线制导R-73（AA-11"Archer"）空对空导弹，在内侧装有大射程雷达制导R-77（AA-12"Adder"）空对空导弹。在机翼下部搭载了Kh-29L/AS-14"Kedge"（左侧）或者Kh-29T（右侧）导弹，在内侧搭载两枚KAB系列LGB导弹，在发动机吊舱下搭载两枚Kh-31（AS-14"Krypton"）空对地导弹。

本页图：Su-27M的原型机之一，"Bort 709"在非洲和中东地区进行巡回表演，并采用了并不常见的沙漠色喷涂。苏霍伊设计局极力向阿拉伯联合酋长国（UAE）推销这款战机，当时该国正在寻求一款新式战机。然而最终阿拉伯联合酋长国选择了Block 60F-16E/F战机。

Su–27M（Su–35和Su–37）
Su–27M (Su–35 and Su–37)

型号
variants

苏霍伊设计局已经拥有Su–27机型，该机型是当时性能最强的适合各种天气的制空战机，并衍生了一系列更具潜力的型号。尽管并没有获得确认的销售订单，西方国家还是意识到尽管俄罗斯目前有经济困难，但是仍然可以生产出可以同西方国家最新战机相媲美的机型。

苏霍伊设计局保证对其先进的Su–27改型进行持续的经济支持，该机型开始时被命名为Su–27M，作为权宜之计又改称为Su–35。发展一款先进的Su–27型号的计划在20世纪80年代初，早期的Su–27型号还没服役之前就被提出了，主要目标是研发一款具备更优空战性能的战斗机。一款采用了可动鸭翼的概念机，T–10–24在

上图：Su-27M的原型机之一现在也成为位于莫斯科市郊的莫尼诺航空博物馆俄罗斯飞机展览的一部分。其涂装已经褪色，暴露在夏天的炎日和冬天的大雪之中。

1982年开始试飞，这是用于作为飞行测试平台机型和Su-27M"原型机"的一系列让人迷惑的改装机型之一。

Su-27M装备了完全新式的飞行控制系统，带有4个纵向和3个横向频道。针对鸭翼的频道也用于备用频道。为了弥补鸭翼带来的问题，垂直位移面积在一些Su-27M原型机上进行了增加，新式的不规则剪裁的垂尾会用在Su-35生产型上。除了气动方面和控制系统的改进之外，苏霍伊设计局还在推力矢量尾喷管以及多项航电系统升级上进行了大量的工作，并应用到Su-35生产型和之后的衍生型号——Su-37上。

Su-27M开始时计划采用NIIP N011多模式低空地形跟踪/地形回避雷达，针对常规目标的搜索范围最大54海里［62英里（100千米）］，针对隐形目标的搜索范围最大30海里［34英里（55千米）］。据报道称该雷达拥有跟踪15个目标并同时瞄准4～6个目标的能力。Phazotron Zhuk-27以及Zhuk-Ph相控阵雷达目前正在研发当中，作为N011雷达的备选，或者直接安装到Su-35生产型上。这样一个雷达可以跟踪24个目标，并且可以使飞机连续发射6～8枚空对空导弹。

除了构成较大的空对空威胁之外，苏霍伊设计局还强烈指出Su-35机型可以携带多种空对地武器的能力，可以作为一款多用途攻击机来执行任务。

重量较大的战斗机

Su-35机型兼容的主要空对地武器包括被动雷达制导的Kh-31P（AS-17 "Krypton"）导弹，同样制导方式的ASM-M，TV制导的Kh-29T（AS-14 "Kedge"）以及KAB-500T TV制导炸弹。Su-35可以在发动机吊舱和机翼下部内侧以及中间的挂架上搭载最多6枚任何上述武器。作为选择，最多4枚GBU-1500T TV制导炸弹或者同样方式制导的AGM-TVS导弹（被称为Kh-59M或者AS-18 "Kazoo"）也可以安装在机翼下部。

除了一系列种类的防卫武器之外，Su-35也具备防卫/攻击综合电子战设备。电子对抗系统设计用于提供单独或者互相之间的（编队）保护，以应对一系列的威胁，其中大部分被提前编到程序当中（一共有512种威胁样例类型），包括

下图："Bort 710"是Su-27M倒数第二架原型机，并且是最后一架被改装成Su-37测试平台机型的飞机。在翼尖下部安装的是R-73（AA-11 "Archer"）近程空对空导弹。

陆基的Hawk、Patriot、Roland、Crotale以及Gepard，还有空中的威胁/目标，包括F-14、F-15、F-16、B-1B以及B-52。被动雷达自导和警告系统（RHAWS）可以覆盖水平方向360°的范围，以及飞机飞行路径上下30°的范围。

这款先进的"侧卫"机型在1993年间被苏霍伊设计局正式更名为Su-35，但是俄罗斯空军仍然继续将Su-27M用作该机型的编号。首批两架原型机在设计局位于莫斯科的工厂中制造，之后又在共青城（Komsomolsk）生产了5～9架。首架原型机在1988年6月28日首飞，据基本型的Su-27"侧卫-B"大规模服役过去了两年的时间。

同大部分的高级"侧卫"机型一样，Su-35在驾驶舱左侧装备了IFR探管。安装了该探管以后，使得电光传感球从中线位置移到了挡风玻璃右侧，这也是Su-35机型独有的特征。第二架Su-35原型机"Bort 707"装备了现代化玻璃驾驶舱。随后Su-35开始在共青城的阿穆尔

（Amur）工厂开始生产型的制造工作，同早期的型号不同的地方是修改了垂直尾翼和改进加强了机头起落架。

未来的不确定性

这些最后的改动最终加到了之后的Su-27M生产型中。到1993年，飞行测试工作已经完成，但是最终在生产型上使用哪款雷达还没有定论。这使得Su-35的计划进程变得非常缓慢，主要是由于缺少资金援助，以及来自米高扬公司复苏后更加廉价的MiG-29SMT机型的竞争。尽管Su-27M表现出一系列优越的性能，该机型的未来仍然不能确定。俄罗斯空军已经对其竞争对手MiG-29SMT表现出了兴趣，不仅性能优良，而且提供了比现有的MiG-29更好的通用性。尽管如此苏霍伊设计局决定继续发展"Su-35"，希望可以从国外获得购买订单。如果最先进的"侧卫"机型输给了MiG-29机型，那将被看成一种悲哀的讽刺。

俄罗斯的推力矢量明星

最新的Su-27型号，Su-37是Su-27M的衍生机型，装备了推力矢量（TV）发动机尾喷管。该原型机实际上是最后一架Su-27M原型机（之前采用的是常规的动力

装置）。新式机型的原型机于1995年在公众面前亮相，重新喷涂了分块状沙褐色的伪装，以吸引潜在的中东国家客户。该飞机也展示了新式的AL–37FU发动机。AL–37FU（FU代表了Forsazh Upravleniye，意思是控制后燃）不只是一款采用了推力矢量尾喷管的AL–31发动机；还采用了完全新式的涡扇以及前半部分。有报道称AL–37FU动力设备同基本的AL–31发动机可以互换使用，这意味着任何版本的Su–27都可以换成新式的发动机，但是推力矢量技术与老款的飞行控制系统的兼容程度并不清楚。一旦被证实是完全兼容的，印度的双座式Su–30MK按计划将成为首批采用新式发动机的老一代Su–27机型。目前Saturn/Lyulka公司正在为Su–37机型研发新一代三向推力AL–37PP发动机，并且达到了一个全新的发展高度。如果这些技术被融入新一代机型中，"离轴"操纵将产生相当大的进步。

同服役中的"侧卫"相比，Su–37的驾驶舱进行了许多的改进，最重要的是用侧边操纵杆取代了中央操纵杆。其他的改变包括在主显示屏的两侧分别增加了三面阴极射线管显示屏，并增加了四式数字飞行控制系统。在机头安装了大的雷达罩，

其中装备了Phazotron N011 Zhuk 27多波段低海拔地形跟踪/地形回避雷达。

采用了新式发动机尾喷管的该机型于1996年4月2日首飞，但是尾喷管开始的时候是锁定在一定位置不变的。该飞机在参加1996年的法恩伯勒（Farnborough）英国航空与航天公司学会（SBAC）空展之前完成了50次飞行。这些飞行主要是由Yevgeni Frolov和Igor Votintsev驾驶完成的，两位都是苏霍伊设计局经验丰富的试飞员。尽管Su-37这款新式"侧卫"拥有令人印象深刻的性能，但是并没有进入任何国家进行服役。

本页图：设计时Tu-160是作为B-1的相对机型。Tu-160同B-1的外观相似，但是却有很多明显的不同之处，例如Tu-160发动机推力要大79%，尽管看上去体积要大一些，但是雷达横截面积却更小。

图波列夫设计局Tu-160 "海盗旗"
Tupolev Tu-160 "Blackjack"

前苏联超级轰炸机
Soviet super bomber

作为前苏联三款核武器投放机型之一，Tu-160 "海盗旗" 能够提供洲际轰炸能力，并且具备相当好的隐身性能和猛烈的火力。然而，随着苏联的解体，Tu-160像其他一些冒进的机型一样，消耗花费太大，很难维持下去，只有很少数量的Tu-160仍在服役当中。

Tu-160 "海盗旗" 是前苏联最大的轰炸机，同美国的B-1B轰炸机的外观类似，是到目前为止生产的最重的轰炸机。前苏联的Tu-160轰炸机受到罗克韦尔（Rockwell）公司B-1A轰炸机的很大影响，后者首飞于1974年12月23日，但是于1977年被卡特总统取消废止。Tu-160开始时被命名为Product 70，于1981年12月

上图：在后机身两侧的长直整流装置的目的并不明确。可能携带数字化数据设备，该设备需要长条状不能打断的空间，同各种"熊式"子机型的整流装置类似。

19日在Zhukhovskii由试飞员Boris Veremei驾驶首飞。在首飞前三周，1981年11月25日，美国的间谍卫星发现了该机型，在被称为"海盗旗"之前，美国将其称为"Ram-P"。该飞机停在两架Tu-144"战马"（Charger）之间，同美国的B-1机型有很多相似的特征，但是同Tu-144相比该机型要小很多。

当B-1A计划以更便宜、更简单的B-1B机型重新开始之后，所有关于高空突防能力的设想都被放弃，这款相对简单的机型采用低空飞行（速度限制在亚音速范围），并且具有更小的雷达探测面积以突破敌方防线。在前苏联，并没有这种降低成本的措施，Tu-160同时保留了低空突防（跨音速速度）以及飞行速度在1.9马赫数的高空突防的能力。变后掠角机翼，以及全展长前缘缝翼和后缘双缝服役，保证了低速操纵性和较高超音速速度的结合。机翼后掠角是人为选定的，有三种设置：起飞着陆时采用20°，巡航时采用35°，高度飞行时采用65°。副翼内侧后缘没有变后掠角时用于收放的机身开口。取而代之的是向前折，与机身中线成一条线，因此感觉像一个翼刀。有一些机体采用了"双连接"折叠部分，可以在35°或者65°的时候像翼刀一样折起来。

Tu-160的机组成员一共有四名，分两对并排坐在Zvezda K-36D弹射座椅上。机组成员通过机头机轮后部的舷梯进入驾驶舱。为驾驶员和副驾驶员提供了战斗机形式的控制仪表盘，尽管Tu-160具备线传控制系统，所有的座舱显示器都是传统的模拟计算机设备，没有多功能显示器（MFD）、阴极射线显示器（CRT）或者平视显示器（HUD）。在驾驶舱前部有尖长的雷达罩，里面装有地形跟踪和攻击雷达，下部有用于视觉武器瞄准的前视TV摄像头，安装在整流罩中。通过可完全收缩的空中加油管进行空中加油可以保证飞机的洲际航程范围。

导弹载量

Tu-160的进攻武器安装在机翼腹部的

下图：同B-1B或者Su-24机型一样，Tu-160采用变后掠角机翼，以克服同时要求超音速飞行和低速机动性之间的矛盾。机翼的后掠角在起飞和着陆时手工设置为20°，巡航飞行时采用35°，高度超音速飞行时采用65°。

两个串联式武器舱内。每一个都装备有旋转式传送装置，可以搭载6枚RK-55（AS-15"Kent"）巡航导弹或者12枚Kh-15S AS-16"Kickback""SRAMsis"。RK-55具备1864英里（3000千米）的航程，以及200节的核弹头飞行速度。Tu-160的研发计划期限进行了大幅延长，并且至少有一架原型机坠毁。在喀山（Kazan）进行了系列生产，并持续进行到1992年1月。在Tu-160进入服役之后，仍然有很多问题严重约束了其使用。基本飞行设备的缺乏是机组成员感到恼火的主要原因，地面人员由于缺乏护耳罩和防震动靴子，结果导致不少人失聪。弹射座椅的问题导致座椅无法根据每个机组成员的情况来进行调整，另外发动机以及各系统的稳定性也让人难以满意。喀山飞机制造厂和图波列夫设计局继续支持该机型的服役使用，并在基本配置和构型确认之前不断交付新机体。因此不同机体之间的机翼展长、设备系统以及进气道构型都有所不同。由于这一系列的问题以及图波列夫设计局的资金匮乏，再加上叶利钦总统关于研发新一代战略轰炸机的决定，使得Tu-160机型不再进行生产。

现今的"海盗旗"

从1987年5月开始，一共有19架Tu-160交付到位于乌克兰Priluki的第184重型轰炸机航空团（GvTBAP）的两个中队。在苏联解体后，这些飞机按照乌克兰政府的命令被闲置在空军基地中。1997年，俄罗斯试图购买这些Tu-160，但是最终没有成功，但是乌克兰却允许美国的情报人员对其中的一架机体进行了一段时间的检测，并收取了一笔未公开的报价，但是不允许美国人带走飞机上的任何部件。像乌

克兰这样曾经属于前苏联，并拥有同俄罗斯一样的武器设备的国家同美国之间的友好关系使得俄罗斯当局非常紧张。很快，随着削减战略武器条约的颁布，这些Tu-160的机翼和尾翼被从机身上拆卸下来，机身被拆成了三部分。但是发动机和航电系统被保留了下来，用于商业用途。

俄罗斯目前拥有大约15架Tu-160，其中6架据信仍在服役中，但是可能只有两架还保留作战能力。俄罗斯主要依赖于改进后的Tu-22M3机型，直到新一代轰炸机的面世，例如被提议的Tu-60机型。有计划称利用改进后的Tu-160（Tu-160SK）作为Burlak宇宙飞船的运输机，就像美国的"飞马"（Pegasus）号在L-1011 TriStar上发射一样。之后似乎有一家美国公司想要使用3架"海盗旗"作为大气层发射平台，但是该计划也没能实现。

下图：由于削减战略武器条约（START）的限制，乌克兰的"海盗旗"大幅停飞，或者被移交到俄罗斯。尽管在苏联解体以后重新进行了喷涂，但是很少进行飞行。

Tu-160 "海盗旗-A"

该飞机采用白色喷涂，据推测是为了应对核弹闪光（像英国在20世纪60年代的V式轰炸机一样），这架Tu-160隶属于第184重型轰炸机航空团，驻扎在乌克兰的普里卢基（Priluki）。

机组成员

"海盗旗"由四人组成的机组成员驾驶飞行，两名飞行员并排坐着，后面有两名导航员。后面两名成员中的一名为"导航操作员"，负责武器瞄准，而另一名负责常规导航工作。所有的机组成员都坐在K-36向上弹射座椅上。

起落架装置

每一个主起落架支撑都有6个（3对）结实的机轮。这些机轮朝后收起，放置在机身和发动机吊舱中间机翼的中央部分。每一个机轮的直径4英尺1.5英寸（1.26米），厚1英尺4.5英寸（0.419米）。机轮间距17英尺8.5英寸（5.4米）。

导弹载量

每一个旋转发射架都可以搭载6枚RK-55巡航导弹，作为选择也可以搭载12枚AS-16 "Kickback"防卫压制导弹。典型的作战载荷包括两种导弹类型在内。

燃油

大部分的燃油位于机翼的中央部分，足够维持8700英里（14000千米）的航程。通过位于驾驶舱前部的空中加油管进行空中加油后可以大幅增加飞行时间。空中加油管是可以收回的，不用时通过长长的双层舱门覆盖。

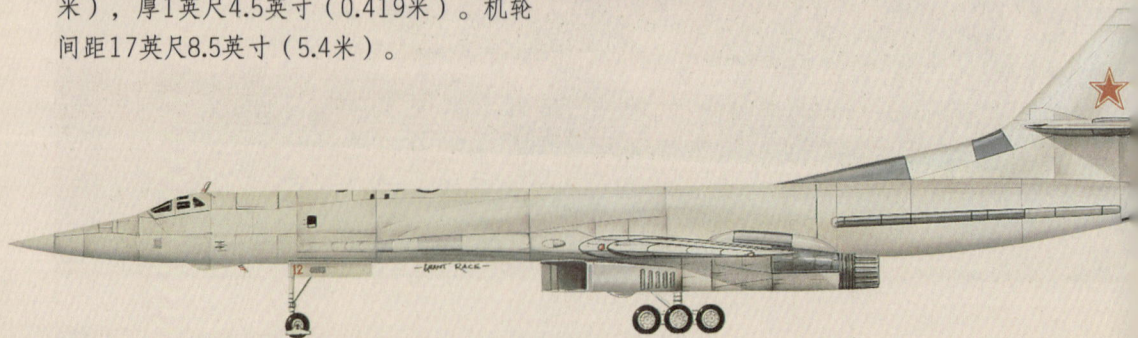

动力装置

Tu-160采用了4台Kuznetsov设计的NK-32涡轮风扇喷气式发动机（R类型），位于内部机翼下方的两个发动机吊舱中。该发动机是为Tu-22M"逆火"（Backfire）轰炸机设计的，开加力后，每一个可以提供55055磅（245千牛）的推力。

防卫系统

在Tu-160尾部下方安装了72个干扰弹/闪光弹发射器。在机身中安装了防卫航电系统设备，在尾椎、尾部整流罩和机翼前缘绝缘壁板下安装有接收天线和干扰设备。

尾翼

体积庞大的尾翼包括一个维持结构的背鳍以及附加的龙骨面积。整流罩大约有3倍展长，安装有驱动器和纺锤体，用于全动平尾，并延伸到前缘，用于安装电子对抗设备。在整流罩上是一体全动方向舵，通过线传系统进行所有舵面的控制。

本页图：通过楔形进气口，可以很容易地将图-22M3"逆火-C"与之前的型号区分开来。这一设计可以使飞机的冲刺速度提升至两倍马赫数以上。

图波列夫 图–22/22M
Tupolev Tu–22/22M

概述
Introduction

图–22和图–22M在开发时就被定性为苏联第一代核轰炸机的超声速继任者，其除了完成对陆地战略目标实施打击的任务以外，还扮演着重要的海上角色。它们这一角色的确切本质在冷战结束以前，一直是苏联与西方持续争论的一个源头。

图波列夫设计局强大的图–22"眼罩"和图–22M"逆火"代表了在20世纪60年代的美国空军中已基本消失的一类中型轰炸机。虽然它们的设计目的是执行战略核任务，但其并未被安排用于洲际攻击。相反，它们被用来完成两项截然不同的任务：对欧洲和亚洲陆地战略目标进行陆上攻击，以及对美国海军航空母舰战斗编队进行攻击。然而，"逆火"所扮演角色的确切本质是西方世界的一个激烈辩论源，而这一型号或许也是冷战末期最著名的标志。

上图：大型的超声速、次战略轰炸机在大部分西方空军眼中就像一个老古董，然而图-22M3仍广泛地在俄罗斯和乌克兰服役，并且在2004年年初，印度又一次寻求得到4架这一机型。

图波列夫设计局在20世纪50年代早期开始研制后来被称为图-22（设计部门内部编号Samolet 105A）的飞机，并且在1954年取得了突破，而这时亚声速轰炸机图-16"獾"开始服役。这种新型轰炸机最初的设计目标是作为图-16"獾"替代品的超声速轰炸机，但是事实证明后者在服役中任务完成得更加成功。1958年6月，当Samolet 105A实现第一次试飞时，它的速度仍然被认为是轰炸机最好的防护。图-22的高空超声速冲刺速度使其成为北约"规划者们"的一大担忧。

该型飞机于1961年以图-22B这一改型投入使用，旨在投放自由下落的炸弹。除了大规模的核武器，这种飞行器也能够携带常规武器，其中包括重达9018千克（19840磅）的巨大的FAB 9000。与此同时，这种新型号的飞机充满了问题，图-22B并不是一款成功的机型。而图-22R则为这一机型引入了一个重要的侦察角色，尤其是在海洋环境中。其后续的发展包括一些航电方面的改变。

导弹运载飞机

在20世纪60年代末期，地对空导弹取代了截击机成为战略轰炸机的最大威胁。一种应对地对空导弹的方法是采用远程武器，因为它能够在导弹足以致命的射程之外率先发射。基于此，"眼罩"轰炸机被重新设计为图-22K，该型号可以携带一枚Kh-22(AS-4"厨房")导弹，这种导弹既可以携带常规弹头也可以携带核弹头。图-22K的研发过程超出了预计时间，直

到1967年，它与Kh-22导弹的组合体才达到了完全战斗状态。

携带有导弹的"眼罩"轰炸机在侦察机和电子战飞机改型的支持下，被广泛地用来针对美国海军航母战斗群，同时也用于针对一系列的陆地战略目标。20世纪70年代中期，F-14"雄猫"战斗机及其配备的超远程"不死鸟"导弹的出现，严重破坏了图-22执行海上任务的能力。从那时起，第二代的图-22M开始服役。时至今日，大部分"眼罩"轰炸机已经退役，

下图：图-22M3"逆火-C"共生产了268架，是其第二个也是最终的主要产品改型，它于1983年开始服役。

上图：为了训练图-22M未来的机组成员，图波列夫设计局专门制造了图-134UBL轰炸机组训练机。这一著名的客机型号在其外延的机鼻内装配有ROZ-1攻击雷达。

但仍有少量还在服役。图-22被出口到利比亚和伊拉克，执行了大量常规炸弹的自由投放任务。利比亚在1979年为支持乌干达，用"眼罩"轰炸机攻击了坦桑尼亚，并在随后几年里对乍得和苏丹进行了几次突袭。在漫长的"两伊战争"中，伊拉克用图-22实施了多次突袭，而苏联只在占领阿富汗的行动中偶尔使用了"眼罩"轰炸机。

"逆火"

20世纪80年代，没有哪种飞行器能比图波列夫制造的图-22M"逆火"轰炸机引起更大的争论，它成为了第二阶段战略武器限制公约（SALT 2）中的关键因素。图-22M的起源要追溯到1959年，那时苏联方面正在认真讨论生产一种图-22的继任者。讨论的内容逐步从政治敏感时期的一种相对可靠的低风险备用选择，转变成为3马赫的苏霍伊T-4轰炸机，这种机型最终只停留在样机的阶段。虽然从本质上讲"逆火"轰炸机是一种完全不同的飞行器，但它采用了图-22M（M = 改进）的设计方案。它在设计局内部代号为Samolet 145, 或YuM计划。

图波列夫设计局通过从苏联中央航空和流体力学研究所获得的数据，设计了变后掠翼飞机，这种设计极大提高了可燃物载荷量。与苏霍伊T-4轰炸机的变革不同，图-22M是在图-22的武器系统基础上发展起来的，同时还保留了Kh-22"厨房"导弹作为它的首要武器。虽然在短距离作战任务中它的翼下挂架能够搭载两枚导弹，但大部分任务中它只需在凹入式中心舱中携带一枚。另外，图-22的常规炸弹自由投放功能也保留了下来。

图-22M0和图-22M1短时间服役之后，该系列最主要的生产型号——图-22M2"逆火-B"问世了。很快，它的航程立即引起了争议，因为美国方面并不简单地认为它只是一个中程飞行器。美国空军和国防情报局计算得出它的攻击半径大约为3500英里（5600千米），而美国中央情报局引用2100英里（3360千米）的判别标准，坚持认为它属于"战略机"范畴。这一混乱情况被苏联大大利用，后者

下图：尽管不容易驾驭，且极其不受欢迎，图-22依旧拥有一段漫长的职业生涯，尤其是作为侦察和电子战的角色。

坚决拒绝透露任何关于该飞机的数据。最终，苏联同意从飞机中移除加油探头。

当其航程数据最终被公开后，被中央情报局"低估"的数据被证明更接近于事实。事实上，和它的前任图-22"眼罩"相同，图-22M也是定位于欧洲/亚洲陆地目标和美国海军航母战斗群。

"逆火"的发展

图-22M2于1976年开始服役，并很快展示了其相对于"眼罩"轰炸机的优越性。持续的发展造就了图-22M3，这种机型有新的机鼻和楔形进气口，还有一些其他的改进，如冲刺速度提升到了2.05马赫，攻击范围提高了近三分之一。同时还引入了一些新的武器，包括图-22/22M标准导弹的低纬度型号Kh-22MA，以及Kh-15（AS-16"反冲"）高速导弹，后者既可以是带核弹头的Kh-15P，也可以是带高爆弹头的Kh-15A。

"逆火"轰炸机在阿富汗战争中见证了简洁迅速的行动，并且于1995年在车臣共和国被使用。讽刺的是，车臣反政府武装组织的领导人焦哈尔·杜达耶夫曾经是图-22M3的飞行员。

图波列夫设计局的图-22"逆火"现在仍然是俄罗斯的首要轰炸机，据称在空军和海军中有大约200架在服役。乌克兰也在大量使用图-22M2和图-22M3。尽管卫星是海上监察的首要工具，但少量的"逆火"轰炸机仍被用来执行海洋侦察任务。

下图：随着苏联的解体，图波列夫设计局被允许对"逆火"进行有限的销售活动。伊朗和中国被认为是图-22M3的潜在买家，然而似乎只有印度的步伐距离购买已经很近了。

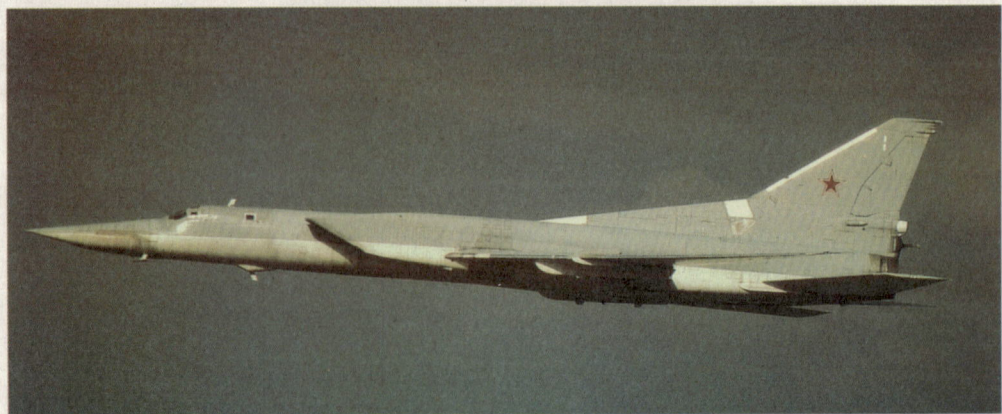

图-22："眼罩"变体
Tu-22: "Blinder" variants

冷战期间生产的少量超声速中型轰炸机之中，图波列夫设计局的图-22"眼罩"的数量比任何其他机型都要多。虽然它是一款极不受机组成员欢迎的飞机，各种意外事故也很常见，但令人意想不到的是更多的改型飞机被生产出来了。

实际上，对超声速轰炸机的需求的增长超过了新一代超声速截击机，并由此推动了图波列夫设计局对Samolet105的设计，即如今的图-22"眼罩"。

这种飞机的配置与当代的轰炸机相比是不同寻常的，尤其是在其发动机部位。它们被安装在尾翼根部的机身上边，这样可以提高发动机进气效率并减少起飞时被吸入的碎片对发动机造成的损害。但没有人考虑到飞机服役后的发动机维护问题，这在之后成为设计上一个棘手的问题。发动机配置在设计方面同样存在缺陷，它要求对尾翼结构进行强化，从而为了使飞机

右图：图-22轰炸机中没有第二个飞行员座舱，这成为其教练机版本诞生的必要前提。图中这架图-22U"眼罩-D"凸起部位为驾驶员座舱。

上图：图-22RD "眼罩-C" "36" 是一架带有飞行加油探管（"D"）的侦察机（"R"）。这型飞机仍然还有向后发射的机枪炮台，随后被电子对抗系统所取代。

拥有合适的重心位置，机头也进行了相应的延长。不过，设计时采用的空气动力学原理被认为能够充分弥补这些缺陷。飞机的基本配置针对亚声速巡航要求进行了专门优化，同时使其在对敌方防空区域进行渗透时，冲刺速度可以达到1.5马赫。

1958年6月21日第一架飞机在茹科夫斯基实现了它的首飞。在设计Samolet 105A时考虑了许多发动机类型，包括库兹涅佐夫NK-6和VD-7M，后者被选为第二架原型机的动力装置。投产以后，飞机的动力装置为VD-7M，随后，换为RD-7M。风洞测试为超声速飞行揭示了"面积律"的本质，并在105A中付诸实践。更薄的翼根导致了可分离的整流罩在飞机起落架中的应用。

常规轰炸机

图-22最初被设计为投放自由落体炸

弹的轰炸机，但是随着地对空导弹的复杂性和截击机的威胁的增加，促使这款轰炸机的设计者在20世纪60年代开始考虑其远程攻击性能。因此，图-22B"眼罩-B"只生产了15架，主要被苏联作为训练使用。虽然其仅有的出口客户伊拉克和利比亚也接收了图-22B飞机，但这些飞机其实是按自由落体轰炸机标准进行后期改装的图-22R。

侦察飞机

"眼罩"的第二种版本——图-22R"眼罩-C"配备有武器舱，并在机鼻装配了湿膜照相设备。这种飞机主要针对传统的军事侦察，特别是针对海军，但是仍然保留了轰炸能力。图-22R共生产了127架，这使其成为最常见的"眼罩"飞机。在此基础上，重新设计有空中加油接收设备的飞机被称为图-22RD；装有经改良的电子情报侦察设备的飞机被称为图-22RK；配有空中加油探针的飞机被称为图-22RKD。20世纪80年代早期，图-22RD的侦察设备进行了一次升级，升级后的机型被命名为图-22RDM。

下图："眼罩"的电子战版本是图-22P"眼罩-E"。这架飞机，图-22PD，是55架"眼罩"中的一架，这些飞机在1993—1994年间由乌克兰空军接管。

上图："眼罩"的高速起飞和着陆导致了很多意外事故，其向下的弹射座椅使机组人员能够在这种紧急状况下逃生的希望十分渺茫。

"眼罩"教练机

"眼罩"是一款操纵性能较差的飞机，这一点与亚声速飞机"獾"大不相同，而大部分"眼罩"的机组人员在接手"眼罩"之前驾驶的正是"獾"。由于"眼罩"只有一个单座驾驶舱，所以需要一个专用的教练机改型。为了解决这个问题，图-22U（"眼罩-D"）诞生了，其第二个凸起的驾驶舱位于第一个驾驶舱上方。其原型机在1960年完成组装，正式机型共生产了46架。

导弹运载机

20世纪60年早期，莫斯科的政治气氛使当局的目光从轰炸机向导弹系统转移。为了使图-22能继续发挥效用，该型飞机需要能够携带远程攻击导弹。因此，这款飞机被重新设计以携带Kh-22巡航导弹，后者的发展和这款飞机同样漫长而拖沓。图-22K导弹运载机（其ASCC代号也是"眼罩-B"）在1961年早期进行了首飞。位于喀山的22号国家航空工厂共生产了76架该型导弹运载机，这包括通过升级发动机进行改进的图-22KD。虽然军方计划在空军和海军中用它来取代图-16，但是并没有足够的飞机被生产出来以取代空军部队的"獾"，而仅有少数的图-22K导弹运载机基于试验的目的被交付给苏联海军。图-22K的一款反Kh-22导弹运载机的反雷达版本被命名为图-22KP，为加以区分，在其机鼻右侧天线上具有一个"音叉"。配有空中加油探针的反雷达导弹运载机被称为图-22KPD。

电子战士

一个用于电子战的版本——图-22P"眼罩-E"出现于20世纪60年代早期，它同时扮演着电子干扰的角色。图-22P-1和图-22P-2共生产了47架，这两种版本在电子产品封装的精确配置上有所差异。类似于图-22其他改型的情况，从1965年起这款飞机通过装配RD-7M-2发动机和空中加油探针进行了升级，并被重新命名为图-22PD。最终，电子战方案的不断提升导致了图-22P-4、图-22P-6和图-22P-7改型的出现。通常情况下，每一个图-22K导弹运载机战斗团中会配备一个图-22PD中队，旨在为前者提供电子对抗支援。

一些图-22被改装成为新系统研发的试验台，称作图-22LL。目前至少还有一架图-22LL仍在茹科夫斯基服役。

不受欢迎的"锥子"

尽管图-22在审美方面的设计令人愉悦，但远程航空机组人员对其充满了畏惧。他们给图-22起了个绰号："锥子"（锥子——一个用于刺穿木材或是皮革的尖头工具）。而一些轰炸机飞行员则称它

是"不可操纵的"。这种糟糕的形势在20世纪60年代达到了顶峰，由于一些未经修正的技术问题，出现了大量的机组人员拒绝驾驶这款飞机的案例。而随着图-22K导弹运载机过早地服役，高事故率随之出现，形势进一步恶化。这款飞机内部的固有设计，使其无论在操作还是飞行方面都遇到了困难，导致了连续不断的升级操作和一个旨在修复遗留问题的改进项目的出现。而向下发射的K-22弹射座椅的使用，使得飞行员在起飞和着陆时的弹射成为不可能。

下图："眼罩"有两台RD-7M发动机提供动力，尾翼两边一侧一个。这个位置让地面维修人员头痛不已，因为发动机高出地面20英尺（6米）。

图-22P "眼罩-E"

图-22P是"眼罩"系列的最后一种版本，它主要被用作护航飞机沿途护卫图-22K。通常每个图-22K兵团都配有一个"眼罩-E"中队。图-22P在苏联前线作战生涯的最后几年里扮演着一个小而重要的角色：护送在阿富汗执行轰炸任务的图-22M2"逆火"。

设计和性能目标

图-22的"收敛"机身源自其设计上采用"面积律"的降阻考虑。超声速冲刺性能（1.5马赫）对于图-22B轰炸机的高—低—高攻击剖面这一初始目标是必须的。除此以外，对于图-22K来说，导弹发射和超声速性能成为最重要的考虑因素。

操作性能

图-22在飞行员中并未赢得荣誉，其在飞行操纵方面非常困难和危险。这种飞机不允许以低于180英里/小时（288千米/小时）的速度飞行，因为这时将会产生无法控制的上仰和失速问题。

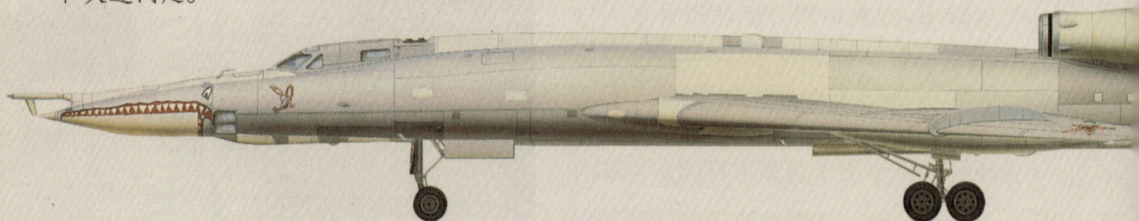

对图-22进行空中加油

空中加油对于一个毫无经验的机组人员来说是最困难的操作之一。图-22的飞行控制并不精致,很多毫无经验的飞行员发现他们很快就接近空中加油浮标,且需要被迫放弃联系,快速下降到最正确的位置。一些飞行员甚至需要将近45分钟的时间来建立一个安全的连接。

"逆火"变异
"Backfire" variants

图-22M0和图-22M1"逆火-A"

作为图-22"眼罩"的升级版被图波列夫设计局大力宣传的Samolet（飞机）145（后来的图-22M）实际上是一款全新的飞机。其第一架原型机——图-22M0——在1969年夏季被送到了位于茹科夫斯基的飞行测试研究所（LII）。就在这个项目被布里兹涅夫和部长理事会通过之后的两年后，它受到的青睐超过了苏霍伊设计局的采用三角翼型的T-4。图-22M0在1969年8月30日完成了它的首飞，并计划预先生产10架样机。其中9架图-22M0于1969—1971年间在喀山生产。然而，源于图-144的库兹涅佐夫NK-144-22发动机效率低下，把图-22M0的航程限制在了2573英里（4117千米），

远远低于预期。最终的图-22M0引进了几个新的产品特征，包括取代了飞机最初时巨大的电子干扰整流罩（在图-22KD中）的后防炮位。图-22M0的富有特色的装于机翼的起落架整流罩被之后设计的飞机所放弃。一架单座图-22M0被收藏于莫斯科东部的莫尼诺(Monino)，并带有"蓝色33"和"红色33"系列标志。图-22M1的第一批产品，其尾翼上部的整流罩采用了新的库兹涅佐夫NK发动机，可以提供高出原有发动机10%的推力。

随着图-22生产的完工，1971年，图-22M1的制造计划被喀山22号国营飞机制造厂提上日程。图-22M1采用了经修正的翼根起落架，并增加了翼展，然而问题依旧存在。1971—1972年间，只有9架图-22M1制造完成，在P.S.Denikin的命令下，其飞行测试由位于乌克兰波尔塔瓦的第185警卫重型轰炸机航空团/第13警卫重型轰炸机中队进行。Denikin后来成为俄罗斯空军的领导人。其他的图-22M1机身也许被用于进行海军试验，而这款存在问题的图-22M1从未实现量产。

图-22M2"逆火-B"

被其机组人员称为"Dvoika（倒霉）"的图-22M2"逆火-B"是图-22M系列改型的决定性产品。该产品的生产从1972年一直持续到1983年，期间共制造了211架"逆火-B"。其机鼻部位最初安装有空中加油探针，后来根据《限制战略武器条约》，探针被去除，从而去除了飞机的洲际巡航能力。图-22M2其他的标志性特征包括传统的分流式进气口和双尾枪。

图–22M2的典型进攻
负载包含一个中心线
Kh–22空地导弹，或者
一个携带自由落体炸弹
的弹射式多弹挂弹架
（嵌入式）。除了服务
于空军的远程航空分部
以外，图–22M2还被交
付于北方舰队和黑海舰
队的海军航空兵部队，

用以替代图–16K。其训练在位于梁赞(Ryazan)的第43飞行人员作战和改装训练中心
进行。

图-22M3"逆火-C"

在引进新的NK-25发动机、经改进并加强的翼型，以及修正的前倾进气口之后，图-22M3取代了图-22M2在喀山生产线上的位置，并于1983年被交付使用。在A-50机载警报与控制系统（AWACS）平台和截击机护航编队的支持下，针对低空飞行进行优化的第一架图-22M3被装备于第185警卫重型轰炸机航空兵团。这款飞机共生产了268架，于1993年停产。Kh-22依旧是其主要武器，然而图-22M3还向"逆火"的可携带武器清单中加入了一款新的武器：其内置旋转发射器最多可携带6枚彩虹（Raduga）Kh-15A或Kh-15P核武装（北约称作AS-16"反冲"）空对地导弹。此外，T-22M3还携带了一个新的乌拉尔（Ural）电子对抗（ECM）系统。对图-22MP（图-22M3的一个改型）的研究在20世纪80年代后期展开，但是这款作为图-16P的替代品的预警—护航专用干扰机，直到"逆火"的末期，也未能投入使用。T-22M3(R)快速反应战略侦察机是一款在图-22M3基础上发展出来的子变型，其第一架飞机在改装后于1984年交付海军使用。之后又有12架图-22M3(R)服役，其设备包括一个大型炸弹舱传感器包，还可能具有机载侧视雷达（SLAR）系统和米阿斯（Miass）电子侦察（ELINT）系统。图-22M2在阿富汗作为常规轰炸机完成了"逆火"在真实战场上的首演，而图-22M3在1988年1月完成了这项任务，它随着

第402重型轰炸机航空兵团一起部署于突厥斯坦的Mary-2基地，16架图-22M3被用于对反圣战组织的作战，投掷了规模高达FAB-3000（3006千克/6614磅）的炸弹。其在阿富汗的最后任务完成于1989年年初，不过俄罗斯的图-22M3随后投入了1995年的车臣冲突，主要包括对格罗兹尼附近的攻击。虽然图-22M3最初是作为远程低空轰炸机而设计，但通过苏联及现在的俄罗斯海军舰队对其性能的开发，使其最负盛名的用途为中程海上攻击平台。"逆火-C"唯一的外国使用者是乌克兰，他们将这款飞机装备于两支部队（第184和第185重型轰炸机航空兵团）。

图-22M3 "逆火-C"

在苏联海军航空兵部队解散以前，图-22M3由海军航空兵师下属的导弹轰炸机兵团使用（也包括图-16K和图-22M2）。如今，图-22M3机队被分成了两个各含两个兵团的师，分别属于俄罗斯海军的北方舰队（在拉赫塔和奥兰亚的兵团）和太平洋舰队（在阿列克谢耶夫卡的两个兵团）。除此以外，还有一小部分飞机在总部设于奥斯特罗夫海军航空培训基地的海军最高指挥部。

航空母舰战斗编队攻击

对北约航母战斗群的打击是苏联海军航空兵部队"逆火"轰炸机机组最有可能执行的任务。海军航空兵部队的"逆火"战略确保每个进攻组合至少有7架飞机能够有机会直接命中对方航空母舰。为使攻击效率更高，图-22M3可以与图-95RT"熊-D"电子情报超视距（OTH）目标指示飞机一起协调工作。

机组人员培训

海军航空兵部队的图-22M机组人员在图-134UBL中接受培训，该飞机可容纳12名受训人员，并携带有图-22M仪器面板。拥有着13个受训点和实践型多外挂物弹射挂架，更老的图-134Sh-1是一款专用的导航教练机。单座的图-134UBK是专门为图-22M开发的，并且携带有PNA雷达、一个炸弹瞄准器和Kh-22采集圈。

尾翼军备

图-22M3的防御性武器是尾部炮塔里的一个双筒GSh-23加农炮，其弹药为1200发PIKS红外诱饵，以及PRLS箔条弹药。加农炮通过PRS-4"氖"雷达或补充TP-1电视视线进行瞄准。

Kh-22攻击剖面

在一次2.5马赫的急剧升降的之后，Kh-22"厨房"反舰武器可以在船的一侧撕开一个215平方英尺（20平方米）的洞，在它进入船体并燃烧完其39英尺(12米)的长度前，可以确保其对船体内部舱壁的破坏。进行高空发射时，标准的Kh-22携带一个2205磅(1000千克)的高爆弹头(Kh-22P/N改型携带3.5千克核弹头)并拥有340英里(550千米)的射程。

炸弹舱

在图-22M3 的内部武器舱中，MKU-6-1旋转发射器能够携带6枚Kh-15（RKV-500B/北约称作AS-16"反冲"）战术巡航导弹。在外部的机翼外侧挂点还可以安置另外的4个武器。传统的Kh-15A携带有一个活跃的雷达寻的器；Kh-15P则有一个被动反雷达寻的器。

彩虹Kh-22（北约AS-4"厨房"）空对地导弹是图-22M3主要的反舰武器，每架飞机最多可携带3枚。

上图：这个Raduga Kh-22（北约AS-4"厨房"）ASM 是图-22M3主要的反航运武器，能够携带的数量高达三个。

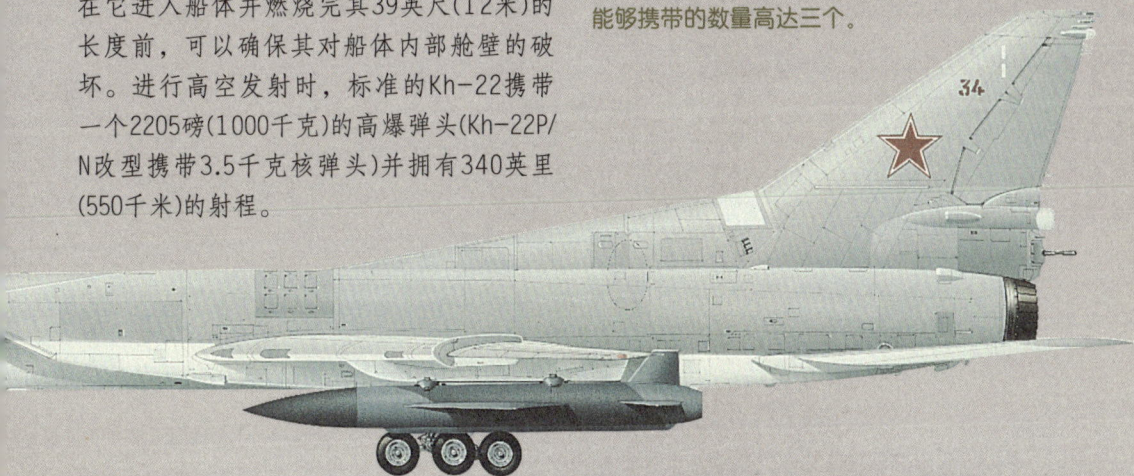

上图：拥有图-95MS-16的外形与多达16枚RKV-15B（AS-15"肯特"）核武器巡航导弹的"熊-H"对西方国家具有最大也最具潜在毁灭性的威胁。

图–95/图–142 "熊"
Tu-95/Tu-142 "Bear"

概述
Introduction

作为曾经最杰出的飞机设计之一，图波列夫 "熊" 已经成为原苏联军事力量对西方军事力量威胁的同义词。

冷战高峰时期，由于其惊人的航程，"熊" 甚至可以在距离最近的苏联航空基地还有半个地球距离的地方被发现。这款飞机被证明有很好的并极具多样化的功能，能以极高的效率执行所有任务，而且，其至今仍是俄罗斯一线部队的重要组成部分。其机组人员热爱它，甚至有的飞机之前还被现任飞行员的父亲执行过飞行任务。再没有其他的飞机能够如此充分地利用涡轮螺旋桨发动机的潜在性能，从某种程度上说，它的喷射速度与缓慢转动的螺旋桨的经济性不无联系。并且，除了C–130 "大力神" 运输机以外，历史上再没有其他的军用飞机服役超过35年。

起源：波音B–29

此外，在第二次世界大战之前，图

上图：图-95RT"熊-D"是最经常被拍摄到的"熊"。这些侦察机通常在尾随西方航海舰队或者是探测北约的边界地区时被发现。

波列夫"熊"（美国陆军军种司令部和北约这么叫它）的雏形就在西雅图出现了。在那里，波音飞机的设计师设计了模型345，其在1942年作为B-29飞行。1944年，3架B-29飞机在西伯利亚被迫降，从此这种设计被苏联人剽窃了。

苏联剽窃B-29的成果就是图-4，其除了油箱、引擎和武器以外，几乎与B-29完全相同。这种机型被扩大并进一步发展成为图-80，之后又发展成为图-85。而就在1950年1月图-85首飞的时候，人们发现涡轮螺旋桨飞机可以使发动机功率翻了一倍、两倍，甚至三倍。而拥有如此大功率的发动机显然在技术上已经足够领先，因此图-85的研发被取消了。安德烈·尼古拉耶维奇·图波列夫的OKB（试验建设局）——这个大型的并仍在不断扩大的设计局，被要求利用这种新型的强大的燃气轮机设计一款轰炸机。

随后出现的NK-12涡轮螺旋桨飞机，是一款在喷射速度就足以推动轰炸机的机型，同时它要求图波列夫设计局构建一个具有后掠翼和尾翼面的机身。这些特性，结合着"熊"巨大的对转螺旋桨，随后使得西方观察者大为吃惊。

这一新型轰炸机的机身与图-85的机身相似，但是有一些轻微的伸展。其尾翼是全新的，但是与几周前设计的88型（后来叫图-16"獾"）的尾翼非常相近。事

要比图-85的主起落架高出75%，故而选择的方案是四轮起落架。与图-88飞机一样，这个通过液压向后回收的流线型起落架舱向机翼的后方和下方伸出，其前部与发动机舱内部相连接。

上图：2004年，俄罗斯军队利用"熊"来完成3个主要任务。其中图-95MS-6"熊-H"继续扮演着核攻击的角色；与此同时，图-142M"熊-F"继续执行反潜/海上侦察（ASW/MR）飞行任务；而如图所示的少量的图-142-MR"熊-J"则负责处理与俄罗斯潜艇的通信问题。

实上其机翼在很大程度上也要归功于这种设计。它的另一个全新的特征是起落架，由于设计要求整个飞机离地高度比图-85和图-88都要高，因此双轮前起落架必须很高。主起落架不仅要很高，其重量还

新的答案

图波列夫设计局曾经几乎完全依赖于B-29的系统，但是图-88和一种新型轰炸机——95型，提出了更为严格的要求，因

下图：只有一个国家得到了出口的"熊"。印度海军最初5次下调图-142ML"熊-F"的订单。在2004年年初，大约有8架"熊"被用于完成ASW/MR任务。

此不得不引入新的解决方案。由于高速度、高海拔和大大增加的结构负载，蒙皮规格必须提高，客舱压力必须增加，飞行控制系统也必须改进。

战略轰炸机

95型完全是作为远程战略轰炸机设计的，其与拥有4个喷气式发动机的米亚西舍夫M–4相竞争，是为了迎合斯大林在1949年年末发出的一项指令：苏联设计团队应该能够生产涡轮螺旋桨洲际轰炸机。最初，米亚西舍夫M–4是苏联远程航空的优先选择，但是飞行测试显示，它不能满足制定的行动半径的要求，并且它从来都不是主要的战争武器。相反地，虽然没有人对图波列夫飞机能够满足这个范围要求感到惊讶，但它的速度和高度性能被证实比预期的还要好。在历史上，它的全面性能远远高于之前的任何一种螺旋桨飞机，即使在45年之后的今天，依然如此。

这款轰炸机最初的机身更多地保留了图–85的机身特征，因此其横截面与波音–29是相同的。10名机组人员被安置在三个恒压舱中，一个独立的恒压舱位于尾翼，另外两个较大的恒压舱位于机翼前后，并有一个通道相连。机载武器包括5个动力炮塔，两个位于机背，两个位于机腹，一个在尾翼中，每一个都配有双管NR23加农炮。与波音–29一样，一个与机翼四个翼梁中最牢固的两个——左侧翼梁和右侧翼梁——相连接的隔板，把炸弹舱分成前、后两个大小相同的舱。其中每个舱都可以放置一个单独的热核炸弹或者一个大规模常规炸弹。

1955年的首飞

图-95的原型机在1955年年初进行了首飞。1955年7月，7架飞机参加了在图西诺举行的航展，顿时震惊了西方观察者。他们中很少有人知道，这一新型的不同寻常的轰炸机能够以世界范围的打击性能而成为其炫耀的资本，并且将在之后的近四十年中持续对美国和其他北约同盟国构成威胁。而更少有人能够预测到这种威胁将会是多方面的，甚至会大范围地震慑西方国家的潜艇。

下图：西方国家的公民对"熊"和西方世界截击机的图像逐渐熟悉。如图所示，1980年9月28日，一对从凯夫拉维克起飞的美国空军F-3E在E-3A 空中预警机的指引下追踪一架图-95RT。

"侦察"和"通信"
"Recce" and "comms"

作为一个侦察和通信中继飞机，"熊"再一次在其擅长的领域发现了任务。在21世纪，所有的"熊"式侦察机已经退役，但是作为通信飞机使用的"熊-J"仍在服役。

1967年8月，图-95RT"熊-D"首次被确认为图-95基础设计的第一个未装备有炸弹和导弹装置的模型。"熊-D"一共生产了53架，其中的52架是全新制造的机身，这些飞机都交付给苏联海军航空兵部队使用。从根本上说，这款飞机的设计目的主要是为潜艇发射反舰导弹提供至关重要的目标信息，而对于这一点，最重要的附属物就是侦察装置。对于后者来说，图-95RT装配有传感器，用来提供电子、雷达和摄像侦察。

左图：燃油效率极高的涡轮螺旋桨发动机、大容量油箱和空中加油的能力，使得"熊-D"在远程侦察方面具有卓越的性能。

导弹制导

典型的对舰搜索雷达制导不能以像巨大的AS-3"袋鼠"那样的一个大的圆形误差概率（CEP）来给出。其制导不仅需要非常精确，还必须要考虑各种各样的目标运动情况。即使导弹有终端导引能力，它仍然要接受贯穿整个飞行期的连续性制导，直到它与目标的距离足以激活其自动寻的制导，并锁定正确的目标。在开放的海洋上，雷达范围是相当大的，但是制导问题依然严峻。尤其困难的是，对于地球表面的发射平台来说（如军舰），即使是拥有很高的天线，其雷达视距也可能只有80英里（128千米）或更小。"熊-D"被

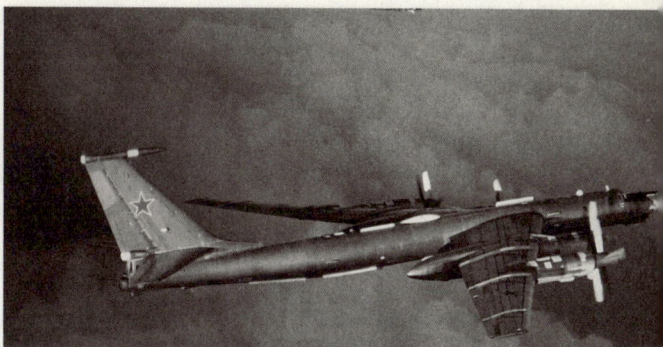

上图：一些观察人员建议，图-142MR 的下机身整流罩可以作为一个空中加油吊舱。这种飞机经常被发现与"熊-F"伴飞，并且被认为起着通信支持的作用。

用来与水面舰艇合作，更主要地，与装有P-6AShM的潜艇合作。"熊"为潜艇提供目标信息，后者的计算机则在指挥人员下令开火前选择最有价值的目标。然后，导弹在雷达制导范围内由潜艇的控制器制导，直到它距离目标非常近，足以使其终端制导系统激活生效。运用这种方法，1.3马赫的 P-6 最远可以拥有186英里（298千米）的射

左图：截击潜行的"熊-D"是很常见的事情。在图中这一刻，一架从美国富兰克林·德拉诺·罗斯福号驶出的正在飞越大西洋的VF-41 F-4J"鬼怪"II与"熊-D"取得接触。尽管传言坚持认为"熊"在与皇家空军的"闪电"遭遇时至少能打掉对方两架飞机，但多数情况下这些遭遇都是平和的。

上图：取自美国海军的截击机，这幅对"熊-D"后机身的特写仅仅揭示了它有多少散布在飞机蒙皮上的天线和传感器，大型的护罩舱电子干扰设备，还要注意腹侧炮塔。

程。"熊-D"能够与其可靠的雷达数据沟通并即时与苏联潜艇通过数据链接进行沟通。飞机依靠两个主要的探测传感器，二者均通过水平扫描天线进行雷达扫描。在机鼻下有较小的部件为北约所熟知，后者称其为"短角"，它被用来传输通过安装在机身中心线下方的更大的"大膨胀"雷达所收集的数据。另外，"短角"也被用于导航。

"熊-D"保留了机身两侧的电子情报天线罩和照相机端口，连同大多数的外置天线，就像第一眼看到的升级版的"熊-C"轰炸机。一件额外的设备是在机身下部"大膨胀"雷达后方8英尺（2.44米）处的流线型天线罩。另一个更突出

的新特征是在每个水平尾翼翼面末端的大型流线型整流罩。这些整流罩内部拥有用于阿尔法系统的天线，阿尔法系统与飞机的目标/侦察的角色相关。1970年4月，一架该型飞机从科拉半岛的基地起飞，在冰岛法罗群岛间隙与苏联海军部队合作进行正规训练，然后继续向南飞行直到古巴。这一举措使得北约军队很惊讶，而且它也标志着一个新时代的开始，在这个新时代里，图-95和图-142飞机经常从远离苏联联盟的基地起飞并执行任务：圣安东尼·德·拉斯·班尼奥斯（古巴）基地，科纳克里（几内亚）基地，布拉斯（安哥拉），奥克巴·本·纳菲空军基地和其他在利比亚的基地，两个在埃塞俄比亚的基地，还有两个基地分别是莫桑比克基地和越南的金兰湾军事基地。在很多年的时间里，这些在古巴、安哥拉和越南的基地持续为"熊-D"（和其他）飞机的常驻提供支持。

图-95MR "熊-E"

这型飞机是为苏联空军的远程侦察需

求而进行改装的"熊-A"轰炸机，该飞机于1963年年末/1964年年初开始服役，大约在1968年被首次公开。其最主要的改变是，"熊-A"的炸弹舱被拆除，然后被重新配置了三对大型光学照相机，然后在后方右侧还有一个照相机。这些照相机被安装在巨大的可拆卸式托盘上，该托盘的底面超出了机身的剖面。这个托盘也拥有与侦察包相关的环境控制系统，并且可能兼容红外反描显示器（IRLS）和机载侧视雷达（SLAR）。这种类型的雷达系统与其照相机完全整合为一体，这种设备在使用时被证明非常可靠。

"熊-E"保留了位于光滑的机鼻部位的导航站。在其上方添加了图-95MR的另一个明显的关键系统——一个空中加油探针。图-95MR一共生产了4架，其中最后一架没有安装空中加油装备，不过其他被投入使用的三架飞机已证实它们的空中加油效果良好。

事实上，在空中加油探针的安装测试期间，一共制造了3个连接M-4-4油箱的装置。其中一个测试是在晚上，"熊"携带了100000磅（45455千克）的燃料。

"熊-E"的特征还包括一对处于后机身两侧的横向电子情报天线罩。另外，各种

下图：图2-6像维尼一样为人熟知？"熊"系列改型中最有可能被北约飞机遭遇的就是图-95RT"熊-D"，该型号通常从事于针对西方海军部队的跟踪任务。

各样的额外的航空电子设备天线也被添加进来，包括在前机身（与内部螺旋桨成一列）下部的较小的天线罩。所有的"熊-E"飞机都保留了6个23毫米加农炮作为防御性武器。大约在前线服役了20年之后，图-95MR被改装成为图-95U教练机，然后在20世纪90年代早期他们就以这一身份继续服役。

图-142MR "熊-J"

最后生产的图-142改型被北约称为"熊-J"，它是以图-142MK"熊-F Mod 3"的机身为基础的机型。2004年年初，大量的图-142MR仍在俄罗斯海军航空部队服役，它们肩负着类似于美国的E-6"水星"塔卡姆（TACAMO）通信中继机的职责，即远程通信职责，同时使用甚低频收音机与携有导弹的潜艇进行通信。"熊-J"可能也用来为其他海军部队、水面舰艇或潜艇传达命令。

在图-142MR的机背上看起来有更大的自动定向仪感测天线，在其机身顶部翼根部位还配有一个大的整流罩，这可以用来放置卫星通信起落架。"熊-J"还有一个独特的通信天线——"高峰"，它从飞机的垂尾顶端向前延伸出来。在飞机前部武器舱中向下延伸有一个大的吊舱，其中存放着甚低频后缘导线天线的绞盘，该天线用来实现与潜艇的远程通信。

下图："熊-D"至少在20世纪90年代早期就开始服役。然而，此时该型号的高强度服役开始产生负面影响，且坠机并不罕见。

轰炸机和导弹运载
Bombers and missile carriers

"熊"的轰炸和导弹运载这两种形式在超过30年的时间里始终对西方国家构成威胁。直到2001年，图-95MS-6仍然是一款重要的前线轰炸机。

作为最初的"熊"的改型，图-95"熊-A"在测试中显示出了令人失望的一面，并且，图-95飞机只生产了两架样机，其中一个被改装成为拥有更大功率及重量的图-95M。这一新的设计标准仍略有不足，但它还是作为一种投掷自由落体核弹的轰炸机而投产，并且在1958年左右开始服役。后续的改型有图-95A"熊-A"核武器运载机和图-95MA轰炸机。而最后一架"熊-A"飞机最终成为图-95U"熊-A"教练机。

导弹时代

从1960年起，导弹成为核威慑的有

下图："熊-H"是一款强大的轰炸机，其在21世纪初期仍然非常高效。俄方最初打算增加图-160机队，但最终图-95MS成为俄罗斯的主要进攻平台。

上图：这个巨大的Kh-20导弹在"熊"系列的前炸弹舱以半隐藏式的方式被携带。Kh-20重达19731lb（8950kg），它具有800千吨的当量，圆概率偏差约为1英里（1.60千米）。

效力量削弱了自由落体炸弹的战略重要性。因此，在1955年两架"熊-A"被修改为图-95K"熊-B"飞机的原型机。这种新的飞机被设计用来携带并发射巨大的由米高扬·格列维奇设计局设计的Kh-20（AS-3"袋鼠"）导弹。

图-95K从1960年开始服役，一共生产了47架。"熊-B"在几个明显的方面与原始设计有所差异。相对于釉面机鼻，它有一个巨大的导弹制导雷达，被北约称为"冠鼓"，它占据了整个机鼻。Kh-20被携带并嵌在机身的下方，其前部进气口

通过一面曲线挡风玻璃进行整流，该玻璃在导弹发射时会被丢弃。大多数"熊-B"仍然保留着0.91英寸（23毫米）炮塔这种原始的防御武器。

随后一共有28架图-95K配备了机鼻空中加油探针，就像图-95KD"熊-B"一样。另外还有23架图-95KD被生产。在20世纪60年代晚期，依然幸存的图-95KD和图-95K被分别升级为图-95KM"熊-C"和图-95K-20"熊-C"标准。"熊-C"以彻底升级的导航/攻击系统和与现代化的Kh-20M导弹相兼容为特点。此外，很多图-95KM还装有翼下采样吊舱，这是为了对在地面进行核测试的地点的样本进行收

下图：图-95K是最原始的　"熊"式导弹运载飞机。空中加油探针在这种飞机早期的生产标准中并不存在，而是后来加进去的。

集，测试地点主要是在中国。然而直到20世纪70年代早期，西方国家防御能力的提高使得"熊-C"/Kh-20M组合显得过时，因此，将"熊"与新型的Kh-22 (AS-4"厨房")导弹联系起来成为新的设计目标。

上图：一架空中加油机与图-95KD伴飞。对这一航程损失的补偿是由Kh-20导弹的重量和拖拽阻力及其相关系统所引起的。

"熊-G"的成型

1963年，为了使"熊"能够携带3枚"厨房"导弹，一个修改计划被首次提出。而直到1973年，这个计划才成为必须，然而，直到1975年10月30日，第一架由图-95KM改装成的图-95K-22"熊-G"

才实现了首飞。1981年，"熊-G"完成了首次导弹发射，但是，改装的图-95KM和新生产的图-95K-22直到1987年才投入使用。因此，它们服役的时间相对较短，该型号的飞机在20世纪90年代末期停止在一线使用。

对"熊-G"标准的改装涉及在机鼻部位添加一个新的、更大的雷达装置；在加油探针下部添加一个电子干扰环状天线罩；去掉尾部炮塔以便支持新的包括电

上图：这就是长寿的图-95，西方已有数代截击机曾经跟踪过它。图中一架图-95 MA"熊-A"由一架美国海军的"十字军战士"舰载战斗机跟踪。

子干扰设备和众多其他变化的尾椎体。之后，在其寿命期内，一些K-22被装配了类似于"熊-C"所具有的有翼下采样吊舱。图-95K-22或许代表着对原始图-95轰炸机的终极表述：从能力更强的图-142发展而来的下一代轰炸机改型。

图-95MS"熊-H"

在将图-142MK的反潜侦察角色发展到极致之后，20世纪70年代起，图波列夫开始致力于巡航导弹运载改型的研究。这种飞机的研制目标是承担类似于B-52的角色，在其旋转发射器上携带有几枚导弹。针对Kh-55（AS-15"肯特"）导弹，由于图-142MS的重心问题，其只能携带6枚导弹，因此12枚导弹需要由两个发射器来运载。图-142MS的生产将与图-142MK共同进行，并被命名为图-95MS。而与此同时，一架试验性质的图-95M-55被制造出来，用以提供新型导弹运载飞机中各种系统的测试平台。1978年7月31日，该飞机实现了它的首飞，之后它完成了大量有用的飞行测试，其于1982年1月28日坠毁。

新的"熊-H"的机身是在图-142M机身的基础上设计的，但其翼前部分相对较短。其特征为一个重新设计的驾驶舱，一个可容纳全新雷达的新型的机鼻轮廓，以及其他一些导弹制导和导航相关的设备。这种新型的紧凑安装特点结合重心问题的考虑，导致了较短的前部机身。这一新款飞机的原型机通过修改图-142MK而得到，其在1979年9月完成了首飞。此时逐渐明朗的飞机的其他特征主要有经修正的装有4个动力更足的NK-12MP发动机的动力装置，以及7名机组成员的容量。

图-95MS"熊-H"在1983年投产，不久之后，北约的观察者就发现，就像"熊-F Mod 4"一样，"熊-H"左侧机身外侧有一根长导线，其一端消失于机鼻的整流罩内部，另一端进入了后压力舱。机身的每一侧都有一个小型冲压进气口，但是比我们之前所见到的"熊"上的电子情报整流罩和照相机端口都要小。事实上，除了尾部的自动方位搜寻器，几乎唯一的累赘物品就是一个位于机身前部的小平顶穹形罩。在后方，与所有的图-142改型一样，尾翼有一个拓展舱舵。因为没有远程控制炮塔，侧面的瞄准整流罩就不再需要了，但是尾翼的炮手和炮塔依然存

在。炮塔是一种全新的起源，之前从来没有出现过。中心动力瞄准部分增大了开火的范围，并且携带有一对GSh-23L枪支。事实上，这种炮塔与图-22M2飞机使用的炮塔一致。"Bear-H"在一系列产品被严格开展之前，名义上于1982年开始服役。这款飞机的生产拥有两种基本改型：一种是图-95MS-6"熊-H"，其在炸弹舱内的旋转发射器上装有6枚RKV -500A(kh 55 / AS-15"肯特")巡航导弹；另外一种是图-95MS-16，其配置了装有MS-6的旋转发射器，并可携带多达12个额外的翼下武器。这使得MS-16拥有可以携带多达18枚"肯特"的可怕的负载能力，虽然携带16枚或许更正常些。随后，为保持与SALT-2/START武器限制条约相一致，MS-16减少到MS-6的规格。直到2004年，这一机型依旧形成了俄罗斯轰炸机部队的支柱。

试验轰炸机

两架"熊"试验轰炸机值得我们注意。在1993年，一架图-95MS被改装成图-95MA，以完成一个新的导弹项目，但在飞行测试之后，再没有任何相关信息被报道。

在一个以前的试验模型中，图-95V在20世纪50年代末期进行飞行。这款飞机被设计用来携带一个巨大尺寸的热核武器。这个80000磅（36364千克）的武器要求"熊-A"的炸弹舱的扩大和增强。在这一事件中，政治方面的考虑使这个武器的爆炸推迟到了1961年。在1961年10月30日，图-95V给新地岛群岛投下了一个重40000磅（18182千克）热核武器。

由此产生的爆炸当量达到了7500万~12000万吨。这一爆炸炸弹给西方国家传达了一个清晰的信号：苏联有发射热核导弹的能力。在重新为图-144"战马"担任运输机角色之前，图-95V悄无声息地消失了，之后在20世纪80年代其作为教练机开始服役。

下图：在某种程度上说，图-95MS具有与美国的B-52类似的角色。这是一款远程负载运输机，其在现代战争环境中并不能生存，但凭借其远程导弹的发射能力，它将仍然存在。

航海的"熊"
Maritime "Bears"

最后一架图-142反潜作战飞机在1994年离开了塔甘罗格的工厂，这意味着"熊"的生产的终结。然而，这一型号的飞机在印度和俄罗斯海军中仍将扮演着一个重要的角色。

官方以适应反潜战需要而对图-95改型进行的优化始于1963年。基于图-95RT的机身，图-142引进了一个搜索和追踪系统，以及一个反潜武器系统。这一新型的飞机将会携带一套复杂且精密的导航系统，该导航系统也是武器系统目标硬件的一部分。图波列夫设计局在反潜平台上基于"熊"

的早期尝试（在20世纪60年代早期提出的图-95PLO），就是由于缺乏这种功率强大的传感器系统而宣告了失败。

右图：图-142MK（"熊-F Mod. 3"）引进了包括RGB-55A声呐浮标的新一代反潜战设备，并在1980年开始服役。我们可以从其位于垂尾顶部（不同于图-142）的磁性探测器的隆隆声，以及缺少图-142MZ中的环状整流罩来识别这一机型。

上图：被一对Su-33护送着，这架图-142MZ（"熊-F Mod.4"）代表了反潜巡逻机图-142的终极表述。它引进了更强大的NK-12MP涡轮螺旋桨发动机来替换原始的NK-12MV。

图-142的一个更进一步的角色是利用Kvadrat-2和Kub-3 EW系统进行电子侦察。为与苏联军事学说相一致，图-142被要求有能力从未做好准备的跑道起降，因此飞机采用了一款新型起落架，每个主要部件上有六个轮子，并相应地增大了起落架舱的尺寸。

进一步的细化措施包括一个增大了面积的机翼，以存放新的精确的金属油箱；还有一个防御性的电子对抗套件。从第二

个原型机开始，为了给新系统提供空间，机舱加长了3.42磅（1.50米）。

RT共性

图-142原型机在1968年7月18日实现了首飞。与保留了大部分共性的图-95RT相比，图-142移除了腹侧和背部的加农炮炮塔，并且针对Upseh系统的大的介质整流罩被红外系统的更小的整流罩所代替。一个新的天线系统定位在水平稳定器尖端的整流罩，它取代了图-95RT"熊-D"所携带的阿尔法系统。

服务入口

在1970年5月，第一架图-142被交付飞行测试和评估。该测试和评估由苏联海军反潜部门进行，在此期间，其任务是追踪核潜艇的运动。

在试验成功完成以及Berkut-95搜索雷达的测试完成之后，1972年12月图-142宣告服役。虽然其达到了初始作战能力

要求，却受到了交付速度的影响。1972年海军陆战兵团接收到的12架飞机（订单中有36架）都安装有原始的12轮主起落架，这与第一架原型机一样。在服役期间，图-142粗糙的场性能使得其效用有限。更严重的是，飞机的性能还受到了其自身重量的影响。因此决定通过引入一个修改方案来解决这两个问题。

改良后的图-142增加了一个供机组人员长时间飞行时休息的区域，且更换了更轻的主起落架，这使得飞机的总重量减少了8000磅（3636千克），提高了飞机的飞行特性。这种改良过的飞机并没有被重新命名（在图-142被改装为图-142M之前

只生产了18架），但有一个新的报告名字"熊-F Mod.1"。1972年，古比雪夫工厂生产了最后一架飞机，这成为飞机生产的标准配置，这就是现在从塔甘罗格工厂交付的图-142 M("熊-F Mod.2")。图-142M装配有扩大的驾驶舱和新的起落架，但是与更早的飞机相比，其他的设备仍然没有变化。考虑到同古比雪夫工厂交付的飞机的相似性，塔甘罗格生产的这批飞机也被海军陆战部队称作图-142，虽然他们的工

下图：较晚生产的图142（"熊-F Mod.1"）是一种降低体重的版本，其中一个较大的主起落架代替了加强的四轮起落架，其配有一个较大的主起落架，就像图-95的标准。

上图：一架图-142"熊-F Mod. 1"可以露出其腹部的针对海上监视优化的侧视雷达和武器舱门（尾部）。以及在与声呐浮标的结合使用中，有3个不同类型的爆炸声源（ESS）被考虑。

厂将其称作图-142M。

新型核潜艇威胁

随着更"隐形"的潜艇的发展，以及操作经验的提升，都表明常规的带有触发设备的声呐浮标对预期目标的探测效果越来越差。相反，含有爆炸性声源（ESS）的声呐浮标不得不在检测更现代的潜艇时使用。图-142MK（"熊-F Mod. 3"）把改进了的声呐浮标设备与库尔申（Korshun）目标获取系统联系在一起。第一架样机在1975年11月4日完成了其首飞，并且随后在1978年4月开始了设备试验。新型库尔申雷达、航电设备套件和反潜设备都被证明存在问题，这使得它甚至有可能在服役之前就已经过时了。

因此，1979年7月，在这个装有库尔申雷达的图-142M正式服役的前一年，俄方宣称这款飞机需要实质性的提升。然后，图-142M (图-142MK)在1978年间开始生产，并取代了原来的图-142M，海军航空兵团选择使用他们自己的命名体系来命名这一新型飞机。装配有新的反潜系统的飞机以图-142M闻名，同时旧的飞机型号则保留了图-142的称呼。

提高的性能

前3架装有库尔申系统的图-142MK在1980年11月开始服役，并且引入了一个核异常探测器（MAD）、一个提供自动飞行控制输入的新型导航系统，以及改进了的电子攻击性能。在其整个漫长的生产服役期间，图-142持续不断进行更新

下图：在20世纪80年代，印度海军航空兵接收了8架图-142MKE（出口图-142MK"熊-F Mod 3"以及一些不太精密的设备）。这种飞机被装配给INAS 312（印度海军航空兵团信天翁战队），其基地位于阿尔戈纳姆。

左图：图-142M"熊-F Mod.2"配有扩大的驾驶舱和双轴主起落架装置，这在除了第一架飞机以外的其他所有飞机上都能发现。这一生产同样机身的新任务在塔甘罗格工厂进行（从1972年开始），而不是在古比雪夫。

和改进。这个终极的反潜机"熊"改型证实了图-142MZ"熊-F Mod.4"拥有比以前的飞机更加复杂的反潜系统，进一步完善了电子攻击设备、新的引擎和新的辅助动力装置。

目前更新的方案旨在提高图-142飞机成功对抗现代"安静"的核动力潜艇的可能性。这种终极的"熊"反潜飞机配套设施为图-142MZ装配的先进的"库尔申-KN-N-STS"，并且把Korshun和包含Zarechye声呐的Nashatyr-Nefrit(ammonia/jade)反潜综合系统连接起来（图-142MZ）。

除了与Berkut STS相关的RGB-1A和RGB-2声呐浮标以外，为了与其新的反潜系统相联系，图142MZ还可以携带RGB-16和RGB-26声呐浮标。这些额外的设备使得飞机的效率提高了一倍，而把声呐浮标的开支减少了2/3。目前，它可以探测

到位于2624英尺（800米）深的波涛汹涌的海中航行的潜艇。

其状态接收试验开始于1987年，在此期间，它与最新的核动力潜艇一起进行了试验，然后以非常优秀的试验结果开始在苏联北方舰队和太平洋舰队服役。在这之后，图-142MZ作为最后一款"熊"式飞机，在1993年宣布由海军航空兵团完全接收。

下图：一架图-142M在基佩洛沃缓慢滑行，基佩洛沃是俄罗斯海军"熊"的飞行中心。该空军基地驻扎有约40架现役图-142M、图-142MZ，以及图-142MR"熊-J"反潜任务飞机。